H. Lessmann

Kostenrechnung im Baubetrieb

Springer-Verlag
Wien New York

o. Univ.-Prof. Dipl.-Ing. Heimo Lessmann
Vorstand des Institutes für Bauverfahren und Bauwirtschaft
Technische Fakultät der Universität Innsbruck, Österreich

Mit 40 Abbildungen

Library of Congress Cataloging in Publication Data

Lessmann, H   1927-
   Kostenrechnung im Baubetrieb.

   Bibliography: p.
   Includes index.
   1. Construction industry--Accounting. 2. Cost
accounting. 3. Construction industry--Costs.
I. Title.
HF5686.B7L38   657'.869   76-30564

ISBN-13: 978-3-211-81420-8   e-ISBN-13: 978-3-7091-8481-3
DOI: 10.1007/ 978-3-7091-8481-3

VORWORT

Das Buch entstand aus den Vorlesungen, die an der Universität Innsbruck,
Fakultät für Bauingenieure und Architektur, als Teilgebiet des Fachbereiches Bauverfahren und Bauwirtschaft gehalten werden.

Die Tätigkeit in der Bauindustrie zeigt dabei immer wieder, daß Angebots-
strategien und Optimierungsbemühungen oft an nicht kostengerechten Preis-
ermittlungen scheitern.

Die Aufgaben in Konstruktion und Durchführungen sollen deshalb durch eine
sorgfältige Kostenanalyse ergänzt werden. Erst aus dem gleichwertigen Zu-
sammenwirken dieser Faktoren können sich Erfolge ergeben.

Für die kritische und konstruktive Mitarbeit danke ich den Herren meines
Institutes, Dipl.Ing.Detlef Fitl, Dipl.Ing.Georg Becker, cand.Ing.Herbert
Klicznik und cand.Ing.Heinz Überbacher.
Besonderer Dank gebührt meiner Sekretärin, Frau Brigitte Maitz, die mit
unermüdlichem Einsatz das Manuskript geschrieben hat.

Innsbruck,im August 1976   Heimo Lessmann

INHALTSVERZEICHNIS

1. EINFÜHRUNG

Die Bauaufgaben der letzten zwanzig Jahre haben in Europa eine nachhaltige
Änderung der betrieblichen Grundlagen der Bauwirtschaft bewirkt.
Die ersten Phasen dieser Entwicklung forderten einen Schwerpunkt auf dem
Gebiet der Ausführung, wobei Bautermine einen dominierenden Einfluß auf das
Betriebssystem hatten.

Bei der Lösung der verfahrenstechnischen Abwicklung mit Hilfe des Operations
Research wurden neue Methoden angestrebt. Dabei wurden - denkt man an die
Planungsmethoden der Netzplantechnik - beachtliche Erfolge erzielt.

Der von der Nachfrage beherrschte Markt erlaubte fast in allen Situationen
eine kostendeckende Abwicklung der Bauaufträge.

Die abflachende Nachfrage der letzten Jahre machte dann allerdings deutlich,
daß zwischen den ablauftechnischen Vorstellungen und den reduzierten, kostenmäßigen Möglichkeiten sehr schnell Unverträglichkeiten auftraten, die zu
tiefgreifenden betrieblichen Störungen führen konnten.

Die mit der beginnenden Rezession eingetretene Umwandlung des Nachfrage-
marktes in einen Angebotsmarkt deckte kostenmäßige Schwächen mit aller
Konsequenz auf. Die gestellten Bauaufgaben erhielten eine neue Priorität.
Neben dem Termin wurde die Kostenermittlung in den Vordergrund gestellt.
Dabei befindet sich die Bauwirtschaft in bezug auf Marktpreise, verglichen
mit anderen Industrien, in einer nicht sehr günstigen Situation. Da die
Produktion von Bauobjekten erst nach dem Abschluß des Produktes erfolgt,
kann sich kein echter Markt mit den sonst üblichen Symptomen eines Markt-
prozesses aufbauen.

Dabei ist noch zu berücksichtigen, daß die öffentliche Hand mit einem Ver-
gabevolumen von über 50 % des Produktionsvolumens eine beherrschende
Stellung auf der Nachfrageseite einnimmt.

Die Lösung der Probleme, die sich aus der neuen Situation ergeben, ist daher
nicht nur Sache der produzierenden Seite. Die spezifischen Umstände fordern
eine sorgfältige vertragliche Abstimmung zwischen Auftraggeber und Auftragnehmer, wenn die Aufgaben erfolgreich bewältigt werden sollen.

Sicher gibt es keine Methode, die alleine eine erfolgversprechende Lösung
bietet. Diese ist sicher nur in der ständigen Suche nach wirtschaftlich
optimalen Lösungen für die verschiedensten Bauaufgaben zu finden.

Die vernünftige vertragliche Abwicklung von Bauaufgaben setzt deshalb um so
mehr voraus, daß über die grundsätzlichen Faktoren der geforderten Leistungen übereinstimmende Ansichten vorhanden sind.

Dabei spielen die Kosten und Kostenfaktoren eine entscheidende Rolle. Die
erfolgreiche Lösung von Bauaufgaben ist nicht mehr alleine eine Sache der
optimalen Konstruktion, sondern ergibt sich aus der optimalen Kombination
zwischen Konstruktion und kostenverursachender Verfahrenstechnik. Damit hat
aber die Kostenermittlung im Baubetrieb an entscheidendem Einfluß zugenommen.
Nur die kostenechte Ermittlung der Produktionskosten ermöglicht eine vernünftige Strategie der Unternehmenspolitik und eine mögliche Lösung der gestellten Aufgaben.
Die Ausführungen in diesem Buch sollen die Probleme näher erläutern.

2. GRUNDLAGEN DER BAUBETRIEBLICHEN KOSTENRECHNUNG

Die betriebswirtschaftliche Tätigkeit eines Unternehmens gliedert sich in
vier verschiedene Tätigkeitsbereiche

die Güterumwandlung
die Finanzierung
das Rechnungswesen
Organisation und Planung.

Die Kostenrechnung überwacht alle Bereiche dieser Unternehmenstätigkeit ,
indem sie

die V o r a u s s e t z u n g e n für die G ü t e r u m w a n d l u n g
aus dem Marktbedarf regelt

den K a p i t a l - und F i n a n z b e d a r f eines Unternehmens
beeinflußt

die A n f o r d e r u n g e n an ein kostengerechtes Rechnungswesen
definiert

und die P l a n u n g s r e c h n u n g aufgrund des realisierten
Produktions- und Marktverhältnisses wertmäßig beeinflußt.

Die Tätigkeitsbereiche des Unternehmens :

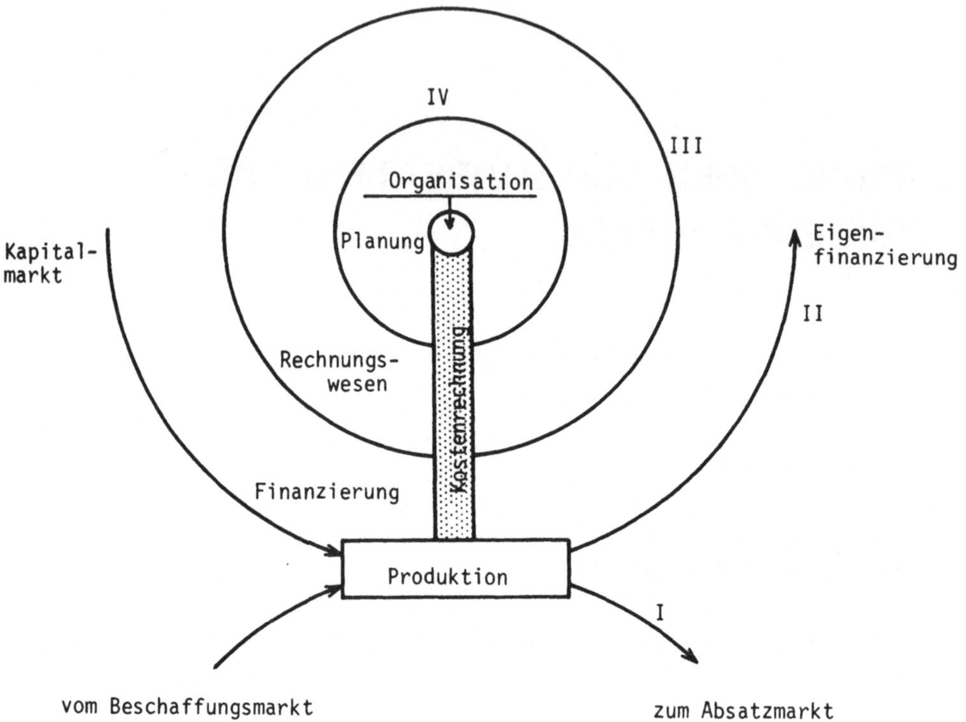

Der Teilbereich Kalkulation der Kostenrechnung regelt insbesondere die Wert-
maßstäbe des Güterumwandlungsprozesses und ist Bestandteil der kybernetischen
Überlegungen im Bereich der Unternehmensplanung, für die sie im Rahmen der
Betriebsoptimierung die wertmäßige Überlegung

   Zielvorgabe
   Kontrolle
   und Korrektur

realisiert.

Die Bedeutung des Einflusses der Kostenrechnung ist mit der fortschreitenden
Industrialisierung im Baubetrieb gestiegen. Die Frage der Rationalisierung
ist schon seit längerem nicht nur durch die konstruktiven Optimierungen zu
lösen.

Die wertmäßigen Einflüsse der Verfahrenstechnik machen für eine sinnvolle
Optimierung die Gleichschaltung der

k o n s t r u k t i v e n und v e r f a h r e n s t e c h n i s c h e n

Überlegungen notwendig. Der Entscheidungsparameter liegt in der Wirtschaftlichkeit der Lösung. Dabei müssen die kostenmäßigen Einflüsse aus

K o n s t r u k t i o n und m ö g l i c h e m B a u v e r f a h r e n

berücksichtigt werden. Jeder in diesen Komplexen tätige Ingenieur sollte
die Voraussetzungen für die Kostenüberlegungen einigermaßen beherrschen.

2.1 DAS MARKTVERHALTEN DES BAUBETRIEBES

Im Verhältnis zum Absatzmarkt nimmt die Bauindustrie eine Sonderstellung ein.
Eine Marktstrategie, wie sie die Produktionsgüterindustrie aufzuweisen hat,
ist nicht vorhanden. Die Ursachen liegen in der Umkehrung des Güterstromes.
Üblicherweise liegt die Produktion vor dem Absatz und die Ergebnisse von
Marktanalysen beeinflussen die Kostenrechnung für den wirtschaftlichen
Absatz.

Die Bauindustrie muß ihren Absatz - bis auf die Ausnahme der Fertigteil-
produktion - vor die Produktion einordnen. Sie kann dabei ihre Absatzstra-
tegie nicht auf einen vorhandenen Markt ausrichten. Sie nat praktisch keine
reale Möglichkeit, das echte Marktverhalten der Mitbieter vor dem Absatz zu
studieren. Echte Marktsymptome treten erst im Augenblick der Submission
(Anbotseröffnung) zutage und dann nur in einer für das submittierte Objekt
relevanten Form. Eine Theorie des Schlusses von einem submittierten Objekt
auf das noch anzubietende Objekt ist real nicht vorhanden, weil die Einzel-
marktsymptome keine erkennbaren Gesetzmäßigkeiten aufweisen.

Die Kostenrechnung für das Marktobjekt kann sich für den Bereich der Her-
stellkosten auch nicht an den tatsächlichen Kosten orientieren, da diese
Kosten erst nach der Produktion, also auch nach dem Absatz, bekannt werden.
Es können also nur Werte für ähnliche Situationen vorliegen.

Die Kostenrechnung muß also nicht nur die Deckungsbeiträge entsprechend der
Marktsituation,sondern auch die Kosten für den sehr komplexen, zukünftigen
Bauvorgang vorermitteln. Die Unsicherheit liegt also nicht nur im zu erzielenden Deckungsbeitrag, sondern auch in der Ungewißheit über die Deckung
der Herstellkosten. Die sorgfältige Kalkulation bestimmt also die Wirtschaftlichkeit des Güterkomplexes.

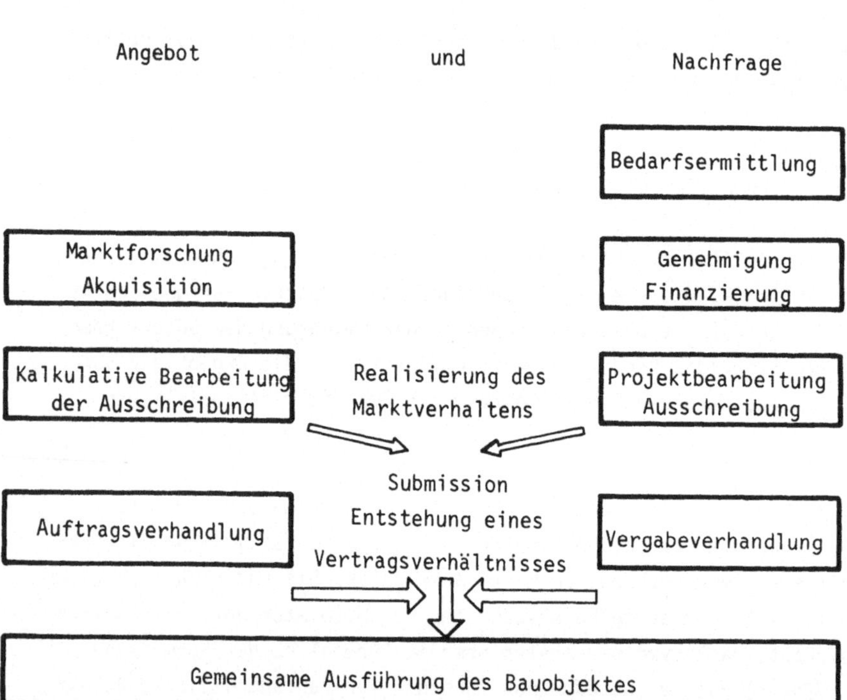

2.2 DIE STELLUNG DER KALKULATION IN DER BETRIEBSORGANISATION

Es gibt in der betrieblichen Organisation keine Form, die für sich in An-
spruch nehmen kann, die einzige mögliche Form zu sein. Alle Betriebsorganisationen stellen den Versuch einer Optimierung dar. Man kann deshalb auch
nicht sagen, die Kalkulation hat den und nur den Platz im System einzunehmen.

2.2.1 Zentrale oder dezentrale Gliederung

Im Grunde sind zwei Organisationsformen möglich :

  die **z e n t r a l e** Kalkulation in der Hauptverwaltung
  die **r e g i o n a l** ausgerichtete Kalkulation in der Niederlassung.

Die **z e n t r a l e** Kalkulation hat den Vorteil, daß sie die Erfahrungswerte der Gesamtfirma ausnützen kann. Fehlleistungen könnten schneller erkannt und ausgebessert werden. Auch das Gebiet der Angebotskontrolle ist
leichter zu beherrschen. Trotzdem zeigt die Erfahrung, daß gerade bei diesem System die Anzahl der Fehlkalkulationen recht groß sein kann. Die Ursachen dafür sind sehr vielschichtig. Der Fehlereinfluß der " Regionalfremd-
heit " ist aber sehr deutlich erkennbar.

Die **r e g i o n a l e** Kalkulation hat den Vorteil, näher am Markt zu sein,
auch wenn der Angebotsmarkt in ausgeprägter Form nicht existiert.
Sie kann aber

  den Beschaffungsmarkt
  und den Arbeitskräftemarkt

für die in der Region anfallenden Projekte sorgfältiger studieren und
schneller auswerten. Die Lage am Arbeitskräfte- und Materialmarkt beeinflußt
die Kalkulation entscheidend, da sie in den Einzelkosten die größere Wertigkeit besitzt. Genaue Ortskenntnis für das zu kalkulierende Objekt, Ausnutzung
der günstigsten Konditionen bei Lieferungen und Sub-Unternehmern, entschei-
den häufig über die Bonität eines Angebotes.

Man könnte fast davon ausgehen und die Forderung aufstellen, daß dort zu
kalkulieren ist, wo die Kosten anfallen.

Wenig spricht dafür - auch im Hinblick auf das System einer integrierten Arbeitsvorbereitung, die die Kalkulation und die Nachkalkulation einschließt -,
eine zentrale Kalkulation bei Industriebetrieben einzurichten. Der Baubetrieb mit seiner schwierigen betriebswirtschaftlichen Situation fordert eigent-
lich die Dezentralisierung - nicht nur der Kalkulation -, um den Anforderungen
der starken Regionalbeeinflussung optimaler gerecht zu werden. Dieser Gesichtspunkt hat auch Bedeutung für Auslandsbauvorhaben, auch wenn eine echte
Dezentralisierung an den Ort der Bauproduktion hier nicht zu realisieren ist.

Eine Matrix - Organisationsform (siehe Bild) könnte das System der Teamarbeit im Hinblick auf die Notwendigkeit der Gesamt-Arbeitsvorbereitungen
wirkungsvoll unterstützen.
Die Voraussetzung dafür wäre, daß innerhalb einer selbständigen Betriebs-
form (Niederlassung u.s.w) eine Aufteilung in zwei Gruppen erfolgen kann.

  B a u s t e l l e n g r u p p e n
  I n n e n b e t r i e b s g r u p p e n

Die Zuordnung innerhalb der Matrix kann entweder nach Fachgebieten erfolgen
oder nach regionalen Aufteilungen, wobei im Regionalbereich der Niederlassung
eine fachbezogene Aufgliederung sinnvoller erscheint. Die regionale Aufteilung hat, falls die Kalkulation zentral durchgeführt wird, wegen der großen
räumlichen Trennung sicher Vorteile. Die Zuordnung des Sachgebietes Arbeitsvorbereitung zu allen baubetrieblichen Sparten gewährleistet die Kontinuität
des Informationsflusses im Gesamtbereich.

Organisationsmatrix :

Niederl. Bereich / Baustellenbereich	Kalkulation				Arbeitsvorbereitung	
	Sachgebiet I	Sachgebiet II	Sachgebiet III	Sachgebiet IV	Planung	Nach-kalkulation
Sachgebiet I (z.B.Tiefbau)						
Sachgebiet II (z.B.Hochbau)						
Sachgebiet III						
Sachgebiet IV						

2.3 BEGRIFFE DER KOSTENRECHNUNG

Jeder verfahrenstechnische Bauprozeß stellt im wirtschaftlichen Sinne eine
Güterumwandlung dar. Die Kalkulation hat dabei die Aufgabe, diese Güterum-
wandlung in Form von Kosten und Erlösen darzustellen, sie stellt damit die
Verbindung zwischen der Verfahrenstechnik und der Wirtschaft her.

Ausgedrückt wird in der Kalkulation der angestrebte Erlös durch die Ermittlung des Einheitspreises für die Position der Leistungsbeschreibung. Die
Faktoren, aus denen sich der Einheitspreis zusammensetzt, ergeben sich aus
den Kostenanteilen, die notwendig sind, um den Güterumwandlungsprozeß aufrecht zu erhalten.

Güterumwandlung

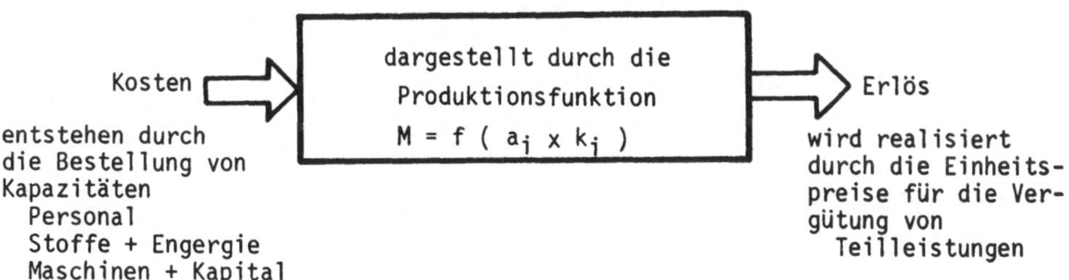

Diese beiden Faktoren, Kosten und Erlöse, stellen aber nur einen Teil des
wirtschaftlichen Ablaufes dar, der im Zuge einer Bauproduktion notwendig ist.
Ihre Kenntnis ist erforderlich, um die richtigen Relationen zwischen den
Gesamtbetriebsvorgängen und der Kalkulation zu schaffen (siehe Bild).

Die übergeordneten Begriffe, die den Güterumwandlungsprozeß eines Betriebes
darstellen, sind

A u f w a n d — das ist der Güter- und Kapazitäteneinsatz in einer durch
die Geschäftsleitung festgelegten Berichtsperiode ;

E r t r a g — stellt in dem gleichen Betrachtungszeitraum den Wertzu-
wachs in einem Unternehmen dar.

Der Aufwand führt zu einem bestimmten Zeitpunkt, der nicht unbedingt in der Betriebsperiode liegen muß, zu den

A u s g a b e n — die die Zahlungen eines Unternehmens in bar oder Buch-
geld beinhalten.

Die Erträge eines Betrachtungszeitraumes führen zu den

E i n n a h m e n — wobei diese aus Bareinnahmen oder Verrechnungsein-
nahmen bestehen können.

Für die Rentabilitätsbeurteilung einer Betrachtungsperiode sind also nicht die Einnahmen und Ausgaben, sondern die Verhältnisse von Aufwendungen zu Erträgen maßgebend.

Dabei wird definiert :

G e w i n n   =   E r t r a g > A u f w a n d
also ein Überschuß an Ertrag

V e r l u s t =   A u f w a n d > E r t r a g
also ein Überschuß an Aufwand

Die Wirtschaftlichkeit eines Bauprozesses wird durch das Verhältnis $\dfrac{\text{Erlös}}{\text{Kosten}}$ dargestellt.

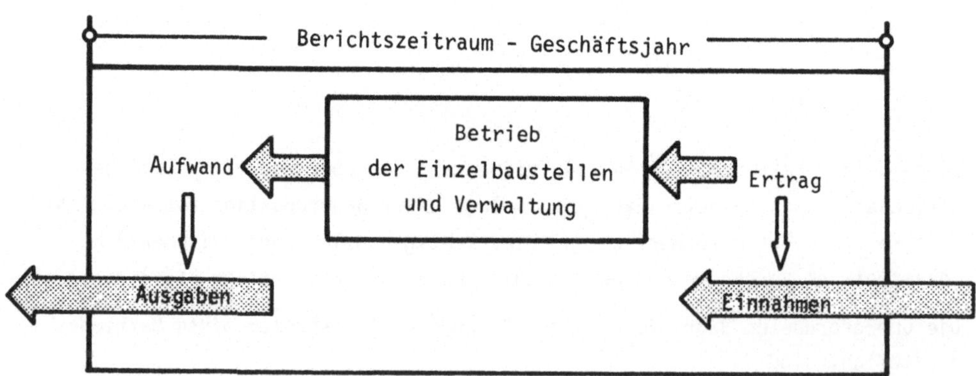

3. DIE KOSTENARTEN

Der Einfluß der verfahrenstechnischen Überlegungen beim Kalkulieren bestimmt, falls es sich nicht um reine Lieferungs- oder Beistellungskosten
handelt, den Charakter der Kosten, die den Einzelpreisen zugrunde liegen.
Eine genaue Kenntnis dieses Kostenaufbaues ist notwendig, um bei den häufi-
gen Änderungen der Produktionsmenge den Nachweis führen zu können, wie sich
die Änderungsmenge auf die Einheitspreise auswirkt.

Die Kosten, mit denen man in der Kalkulation von Bauobjekten zu tun hat,
haben nur selten eine konstante Größe. Meist weisen sie die unterschiedlichsten Abhängigkeiten auf. Entsprechend der Änderung der Abhängigkeitsbedin-
gungen ändern sich auch die Größenordnungen der Kosten.

Wir unterscheiden dabei Kosten, die von äußeren gesamtwirtschaftlichen Ein-
flüssen abhängig sind. Dies gilt für alle Stoffe, die zur Materialisierung
des Bauobjektes notwendig sind. Die Veränderungsfunktionen für die Kostengröße liegen aber außerhalb des Bereiches der Kalkulation. Sie haben hier
einen quasi unveränderlichen Charakter und können so in der Produktionskostenfunktion berücksichtigt werden.

Ein Großteil der Kosten, insbesondere die Arbeitskosten, sind jedoch in bezug auf die spezielle Produktionskostenfunktion des Einheitspreises als
variable Kosten zu betrachten. Die Veränderlichkeit hat dabei zwei haupt-
sächliche Bestimmungsfaktoren, das sind

die Abmessungen des Objektes und
die verfahrenstechnischen Annahmen.

Wir unterscheiden entsprechend der Hauptbestimmungsgröße

die m e n g e n v a r i a b l e n Kosten und
die z e i t v a r i a b l e n Kosten.

Der Einfachheit halber können wir die auftretenden Fixkosten als variable
Kosten mit einer Änderung der Menge oder Zeit $\longrightarrow$ 0 betrachten.

$$\text{Fixkosten} \;=\; \text{variable Kosten mit } \frac{\Delta\,\text{Menge}}{\Delta\,\text{Zeit}} \longrightarrow 0$$

Die Abhängigkeit der Kostenänderung ist bezogen auf einen Änderungsfaktor
häufig linear; es gibt aber auch Kosten, deren Größe sich degressiv oder
progressiv ändert.

Die Veränderlichkeit hängt auch hier vom funktionellen Zusammenhang des
Kostenaufbaues ab. Dies zwingt dazu, nicht nur die Kostengröße zu betrachten,
sondern vor allem den funktionellen Aufbau.

Die verschiedenen Darstellungsformen der Kosten werden anhand von Beispielen
erläutert :

F i x e Kosten : z.B. Auf- und Abbaukosten einer Anlage bezogen auf die
Einsatzzeit

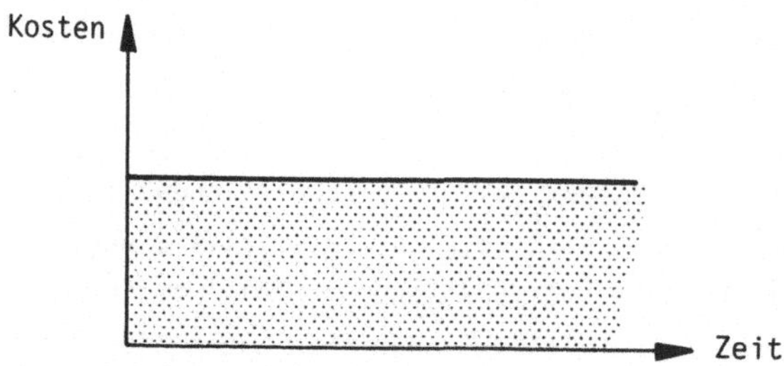

V a r i a b l e Kosten :

Linearer Verlauf : z.B. Mengenabhängig linear steigende Kosten für Lieferbeton (ohne Berücksichtigung von Rabatten)

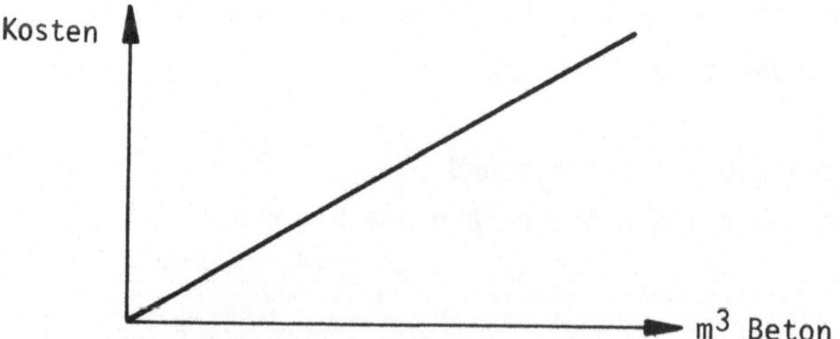

Progressiver Verlauf :   z.B. Progressiv steigende Lohnkosten bei Erhöhung
des Überstundenanteiles

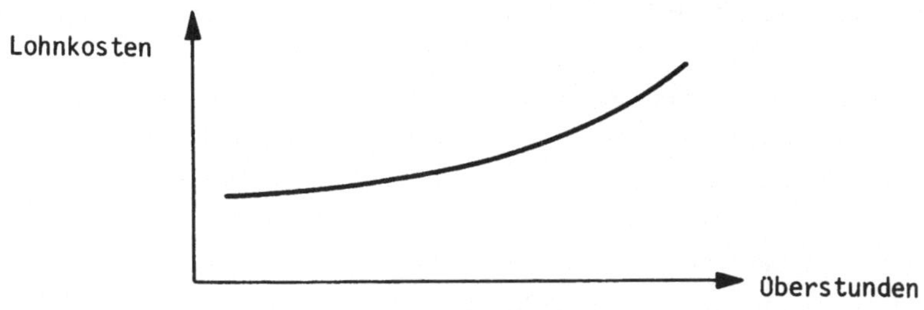

Degressiver Verlauf :   z.B. Degressiv fallender Fixkostenanteil bei stei-
gender Produktion im gleichen Betrachtungs-
zeitraum (Eigenbetonherstellung)

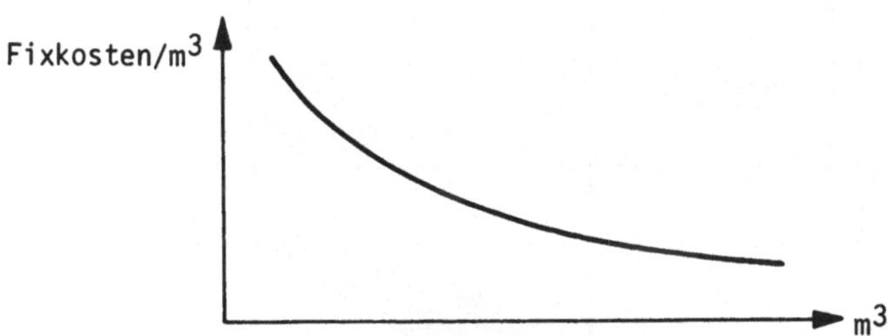

K o m b i n i e r t e Kosten : Linearer Verlauf
z.B. Auf- und Abbau einer Mischanlage (fix) und
mengenabhängige Produktionskosten (variabel)

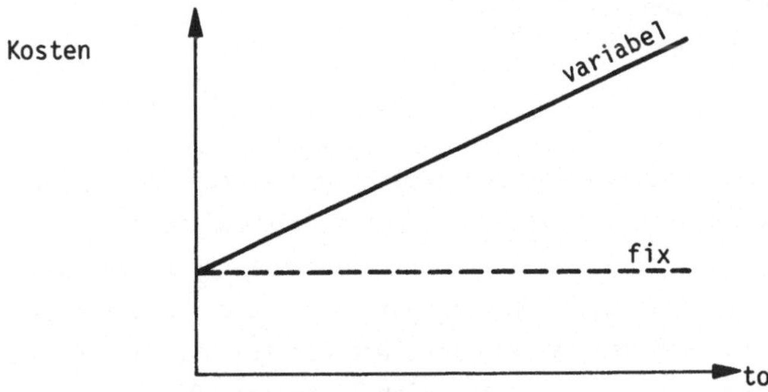

Da bei der Kalkulation die optimal geringsten Kostenanteile angesetzt werden sollen, erscheint es doch notwendig, sich Gedanken über den Aufbau solcher Kosten zu machen. Erst dann erkennt man, welche Verfahrenstendenzen einzukalkulieren sind, damit das Optimum des Kostenanteiles erzielt wird (minimale Kosten).

Der Aufbau eines solchen zusammengesetzten Kostenkomplexes ist anhand eines Funktionsbeispieles dargestellt :

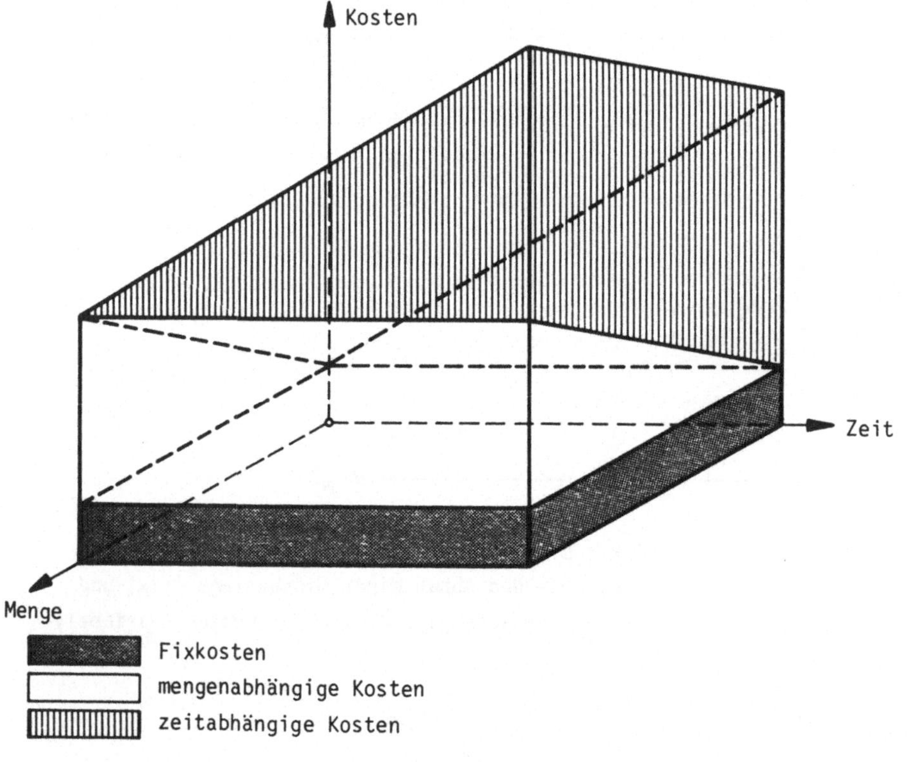

Wenn in Erkenntnis des Kostenaufbaues die kapazitätsmäßigen Grenzen in Betracht gezogen werden müssen, ergeben sich die Grenzkostenwerte, die zu einer unstetigen Kostenabhängigkeit führen. Gerade für die Verfahrenstechnik sind die Unterteilungen dieser Zusammenhänge von großer Bedeutung für die kostenmäßig optimale Disposition der verschiedenen Kapazitäten. Die Darstellung dieser Probleme wird übersichtlicher, wenn sie zweidimensional erfolgt. Die Betrachtungsgröße ist dann nicht die absolute Kostengröße, sondern die Größe bezogen auf die Einheit der betrachteten Kosten. Die verfahrenstechnischen Einflüsse werden anhand der Einsatzgrenzwerte diskutiert und ausgewertet.

Darstellung von Grenzkostenproblemen am Beispiel von Überlegungen zum Ausnutzungsgrad einer Mischanlage :

1. in Tagschicht bis 100 %
2. in Schichtbetrieb von 100 % bis 200 %
3. Einsatz von 2 Anlagen von 100 % bis 200 %

Voraussetzungen :

Ziel ist es, die Kosten der einzelnen Varianten umgelegt auf m^3 und Monat bei variablem Nutzungsgrad zu ermitteln. Die Fixkosten für Auf- und Abbau von DM 30.000,-- werden unter der Annahme einer Einsatzzeit von 10 Monaten auf das Monat mit DM 3.000,-- umgelegt. Die Gerätemiete inklusive Reparaturen wird mit DM 4.000,-- pro Monat angesetzt, wobei bei Schichtbetrieb erhöhte Reparaturkosten durch einen Zuschlag von 20 % berücksichtigt werden. Auch die Lohnkosten von DM 3.000,-- pro Monat und Anlage erhöhen sich bei Schichtbetrieb um 10 %, worin Überstunden- und Nachtarbeitszuschlag enthalten sind.

Daraus ergeben sich für die einzelnen Varianten folgende monatliche Kosten :

1. Tagschicht :

Auf- und Abbau	DM	3.000,--
Miete und Reparaturen	"	4.000,--
Lohn	"	3.000,--
	DM	10.000,--

2. Schichtbetrieb :

Auf- und Abbau	DM	3.000,--	
Miete und Reparaturen	"	4.800,--	(4.000,-- + 4.000,-- x 0,2)
Lohn	"	6.600,--	(2 x 3.000,-- + 6.000,-- x 0,1)
	DM	14.400,--	

3. 2 Anlagen :

Auf- und Abbau	DM	6.000,--
Miete und Reparaturen	"	8.000,--
Lohn	"	6.000,--
	DM	20.000,--

Nimmt man die maximale Leistung einer Anlage pro Monat im Tagbetrieb mit 2.000 m^3 - entspricht η = 100 % - an, so ergeben sich folgende grafisch dargestellte Kosten/m^3 :

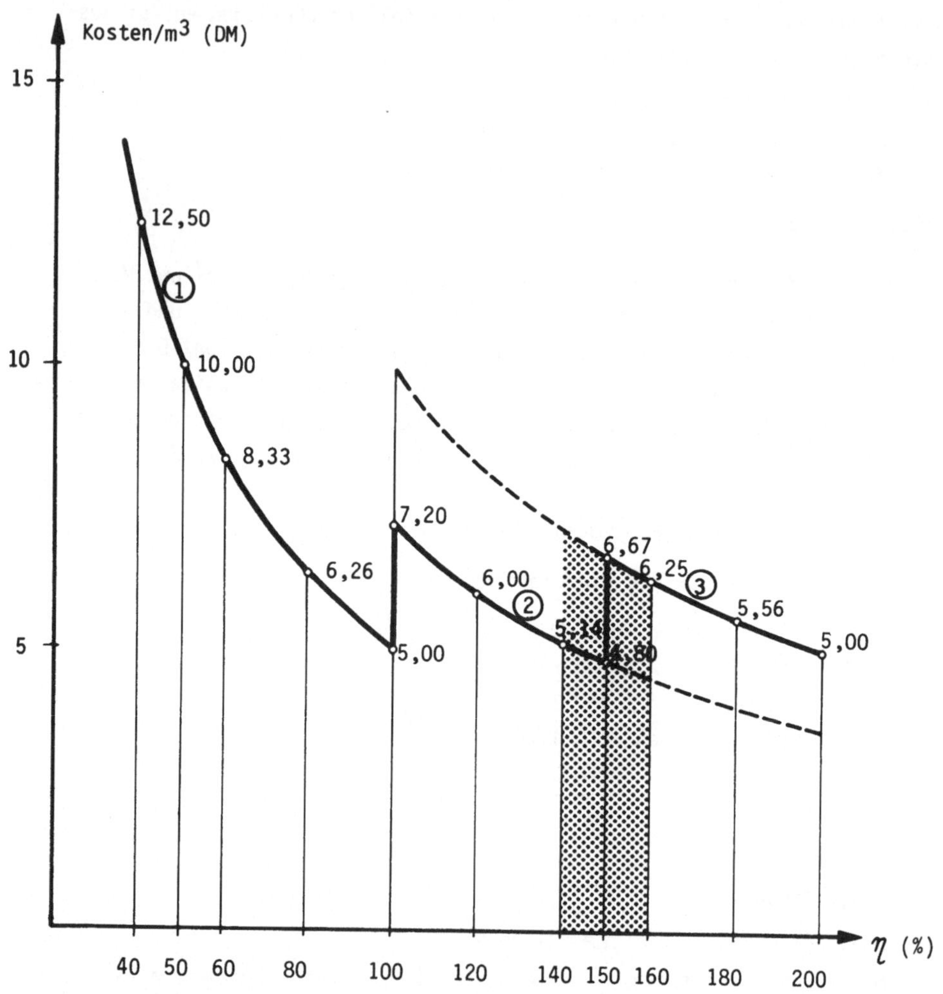

① Tagschicht

② Schichtbetrieb

③ 2 Anlagen

▨ Grenzbereich der praktisch möglichen Leistung einer Anlage im Schichtbetrieb

Diese Überlegungen haben nicht nur Bedeutung bei der Kalkulation von Preisen eines Leistungsverzeichnisses, sondern sind untrennbarer Bestandteil jeder verfahrenstechnischen Optimierungsaufgabe. Das Ergebnis einer solchen Entscheidungshilfe wird wesentlich von der richtigen Beurteilung der Kostenfunktion abhängen.

Betrachten wir jedoch die Kosten, die im Baubetrieb die Ausdrucksform für den Erlös darstellen, also die der Mengeneinheit einer Position des Leistungsverzeichnisses, so erkennen wir, daß diese Kosten nicht nur das Produkt eines Faktors sind, sondern sich aus einer Vielfalt von Kostenanteilen zusammensetzen. Es liegt eine P r o d u k t i o n s f u n k t i o n (nach Gutenberg) vor.

$$M = f \ (\ a_1 \times k_1 + a_2 \times k_2 \ .... \ a_n \times k_n \ )$$

wobei a_i = Einsatzmenge
und k_1 = Kostenart des Potential-oder Repetierfaktors

Die Kalkulation hat nun die Aufgabe, für das anzubietende Objekt die Produktionsfunktionen für die Position des Leistungsverzeichnisses zu ermitteln. Die Produktionsfunktion für eine Position ist von den verfahrenstechnischen Abläufen beeinflußt. Die Tätigkeit in der Kalkulation besteht darin, für jede Position den Verfahrensablauf vorzuempfinden und dazu die Kostenfaktoren zu ermitteln. Erschwert wird dies durch den Umstand, daß die Beschreibung d.h. Leistungsabgrenzung der Positionen nicht den verfahrenstechnischen Vorgängen entspricht. Dadurch wird eine willkürliche Trennung von verfahrenstechnischen Produktionsfunktionen notwendig, um zu einem Einheitspreis zu gelangen.

Die Schwierigkeit und das Risiko besteht darin, daß aus dem Marktverhalten der Bauindustrie die verfahrenstechnischen Vorgänge nicht nachempfunden, sondern vorempfunden werden müssen und daß die Kostenanteile für einen Zeitpunkt in der Zukunft angenommen werden müssen, ohne daß man genau feststellen kann, wie sich diese Kosten unter dem Einfluß der Welt- und Regionalwirtschaft bis dahin entwickeln werden.

Nur bei wenigen Baustoffen, wie z.B. Stahl, wird der Unüberschaubarkeit der Marktentwicklung durch die Preis-Gleit-Klausel Rechnung getragen. Dabei wird bei der Produktionsfunktion der Tagespreis zugrunde gelegt. Die Preise der Position ändern sich proportional der Tagesnotierung des Stoffes.

Die Zusammenhänge der Kosten der in Form einer Produktionsfunktion ermittelten Einheitspreise ergeben sich aus dem verfahrenstechnischen Zusammenhang, der am Beispiel einer Betonwand erläutert werden soll :

Geforderte Leistung : A m^2 Betonwand

50 cm Stärke einschließlich Bewehrung

Die dafür aufzustellende Produktionsfunktion ergibt sich zu :

$$y \ (\ 1 \ m^2 \ \text{Betonwand} \ ) \ = \ a_1 \ x \ k_1 \ (\ \text{Schalung} \ )$$
$$+ \ a_2 \ x \ k_2 \ (\ \text{Bewehrung} \ )$$
$$+ \ a_3 \ x \ k_3 \ (\ \text{Beton} \ )$$

Voraussetzung für die richtige Erfassung der Kostenanteile ist die Überlegung, nach welchem Verfahren die Wand hergestellt werden soll; z.B.

S c h a l u n g   : konventionelle Schalung oder Großflächenschalung
Einsatzhäufigkeit und Abhängigkeit von der Produktionsmenge

B e w e h r u n g : Biegen in Eigenleistung oder Anlieferung von gebogenem Material
Verlegen in Eigenleistung oder durch Sub-Unternehmer

B e t o n   : Eigenherstellung oder Lieferbeton

Entsprechend der Verfahrenstechnik ergeben sich die Kostenarten in den einzelnen Produktionsfaktoren.

S c h a l u n g   : Konventionelle Schalung : variable mengen- und zeitabhängige Kosten
Großflächenschalung : variable Stufenkosten in Abhängigkeit von Flächengröße des Elementes und Einsatzhäufigkeit E .

B e w e h r u n g : Mengenabhängige Kosten sowohl bei Eigenleistung als auch Fremdleistung.
Basiskosten für Stahl mit Stoff-Preis-Gleit-Klausel.

B e t o n   : bei Lieferbeton : variable mengenabhängige Kosten
               bei Eigenbeton : 1. Anteil Fixkosten
                                    Montage und Demontage der Anlage
                                    und Hebezeuge
                                 2. Anteil zeitabhängige Kosten
                                    für Bedienung der Mischanlage
                                    und Hebezeug
                                 3. Anteil mengenabhängige Kosten
                                    aus Zuschlagstoffe ,
                                    Zement, Wasser, Zusatzmittel

3.1 ARTEN DER KOSTENRECHNUNG

Es gibt verschiedene Methoden, wie man die Einzelkosten eines Leistungsverzeichnisses ermitteln kann. Die Tatsache, daß beim Güterstrom der Baustelle
der Absatz vor der Produktion liegt, schränkt die Anwendungsmöglichkeit jedoch sehr ein.

Die Divisionskalkulation geht davon aus, daß die gesamten Herstellkosten vor
der Preisbildung bekannt sind. Sie setzt auch voraus, daß die Produktions-
größe für die Preisermittlung bekannt ist.
Damit ergibt sich :

bekannte Herstellkosten
+ bekannte Gemeinkosten
____

Produktionskosten

Bei einer festen Anzahl an Produktmenge ergibt sich der Marktpreis zu :

$$MP = \frac{\text{Produktionskosten}}{\text{Produktmenge}}$$

Diese Art kann aber allenfalls im Lagergeschäft von Fertigteilwerken Anwendung finden.

Die Äquivalenzkalkulation ist dann angebracht, wenn die Produktmenge nicht
identisch, sondern nur ähnlich ist. Die Gleichwertigkeit der Produkte wird
durch eine Wertigkeits- oder Äquivalenzziffer hergestellt. Diese Ziffer kann
auf Kenntnissen über den Produktionsaufwand, aber auch auf Erfahrungen im
Marktverhalten beruhen.
Dabei gilt :

$$\text{Äquivalenzziffer} = C_i$$

$$\text{Äquivalenzmenge} = a_1 \times C_1 + a_2 \times C_2 \dots = \sum a_i \times C_i$$

Die Richtkosten betragen dann :

$$\frac{\text{Produktionskosten}}{a_1 \; C_1} = k$$

Die Kosten für das Einzelprodukt a_i :

$$k_{ai} = k \times C_i$$

Für die Kostenermittlung für den Baustellenbetrieb findet diese Kalkulations-
methode jedoch kaum Anwendungsmöglichkeit. Schon aus der Tatsache heraus,
daß eine Äquivalenz von gleichen Leistungen formal nicht herzustellen ist,
da die Voraussetzungen für die Äquivalenz

ähnliche Größe
ähnliche Zeit
ähnlicher Ort

nur in den seltensten Fällen vorhanden sind. Der Einfluß der Produktion an Ort
und Stelle, die Einflüsse des Beschaffungs- und Kapazitätenmarktes, lassen
dabei die erfaßbare Äquivalenz nicht zu. Es bestehen deshalb kaum Diskrepanzen
darüber, daß die Herstellkosten für jedes Objekt neu zu rechnen sind. Dabei
ist es selbstverständlich, daß Erfahrungen über spezifische Leistungen ihren
Niederschlag finden, wobei die Erfahrungen in der Ermittlung der Herstellkosten den größten Einfluß haben.

Unterschiede bestehen jedoch in der Ermittlung der Kostengruppen der Baustellengemeinkosten und Allgemeinen Geschäftskosten.

3.2 DIE KALKULATION MIT VORBERECHNETEM ZUSCHLAG

geht davon aus, daß auf dem Bereich der BGK und AGK eine Äquivalenz vorhanden ist und daß für verschiedene Objekte der Schluß von n auf n + 1 zulässig ist. In der einfachen Form geht die Berechnung davon aus, daß für alle Objekte in einer gewissen zeitlichen Periode der Zuschlagssatz gleich und äquivalent ist, d.h. der Zuschlag kann vorberechnet werden.

Darin liegt aber eine nicht zu billigende Unsicherheit, die zu Fehlkalkulationen führen kann.

Die funktionelle Abhängigkeit der BGK ist nicht nur für die Umsatzgröße vorhanden, sondern für verschiedene andere Faktoren wie

Gesamtleistung je Zeiteinheit
konstruktive Art des Objektes
verfahrenstechnische Annahmen und damit zusammenhängender Kapazitäteneinsatz.

3.3 DIE KALKULATION ÜBER DIE ENDSUMME

schließt diese Unsicherheit aus. Für jedes Kalkulationsobjekt werden die BGK und AGK gesondert ermittelt. Dabei kann man oft feststellen, daß ein Äquivalenzschluß nicht berechtigt ist.

Die Einheitspreise werden mit der größtmöglichen Genauigkeit ermittelt. Die Genauigkeit ist begrenzt durch die Richtigkeit der Annahme der Kostenfaktoren und die Richtigkeit der BGK- und AGK-Ansätze.

Voraussetzung dafür ist :

K e n n t n i s d e s K o s t e n a u f b a u e s
E r f a h r u n g über spezifische Leistungswerte
Vorhandensein eines t r a n s p a r e n t e n R e c h n u n g s w e s e n s.

Nur so läßt sich ein kybernetischer Regelkreis über die ständige Anpassung der Kalkulation aufbauen.

4.DIE TÄTIGKEITSPHASEN DER KALKULATION

Im Bereich der unternehmerischen Tätigkeit nimmt die Kalkulationstätigkeit eine das Gesamtgefüge beeinflussende Position ein. Dies erstreckt sich - wie schon bei der Kostentheorie definiert - vom Bereich der Güterumwandlung, also der Baustelle, über den Bereich des Rechnungswesens bis zum Planungsbereich.

Die Verbindung der Tätigkeit eines Unternehmens mit den Funktionen des Absatz- und Beschaffungsmarktes wird durch ein Aussageprodukt der Kalkulationstätigkeit - das Angebot - hergestellt. Die daraus initiierten wechselseitigen Beziehungen zwischen Markt und Unternehmen bestimmen wiederum die verschiedenen Phasen der Kostenrechnung. Diese sind notwendig, damit der Ablauf der sich aus der Güterumwandlung ergebenden Beziehungen zwischen Beschaffungsmarkt, Absatzmarkt, Rechnungswesen und Finanzierungsbereich einer kostenmäßigen Steuerung unterworfen ist.

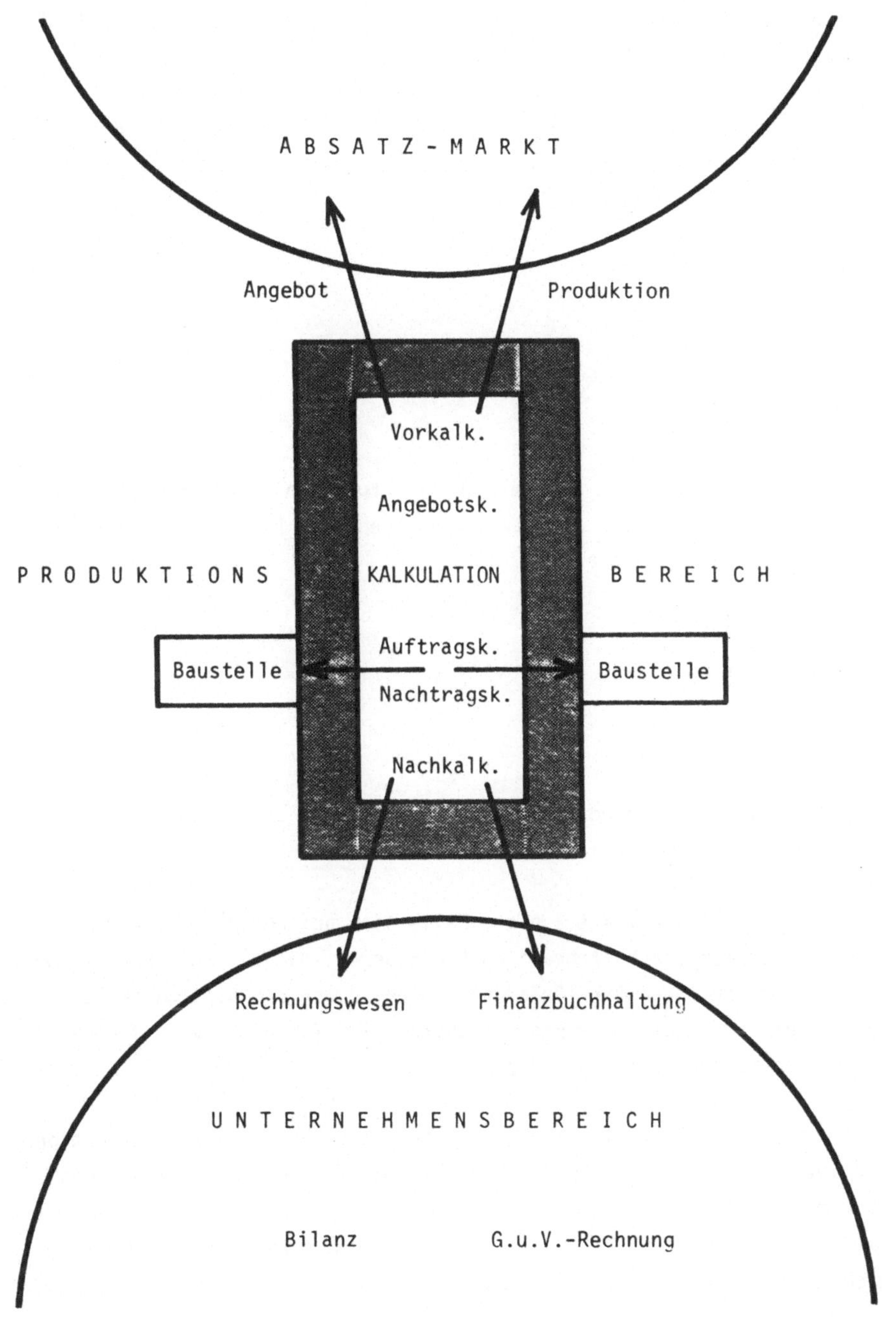
ABSATZ-MARKT
Angebot
Produktion
Vorkalk.
Angebotsk.
KALKULATION
Auftragsk.
Nachtragsk.
Nachkalk.
PRODUKTIONS
BEREICH
Baustelle
Baustelle
Rechnungswesen
Finanzbuchhaltung
UNTERNEHMENSBEREICH
Bilanz
G.u.V.-Rechnung

Diese verschiedenen Tätigkeitsphasen werden in der Reihenfolge ihres Auf-
tretens im Tätigkeitsprozeß wie folgt definiert :

V o r k a l k u l a t i o n ist eine Tätigkeit im Planungsbereich und dient
zur Entscheidungshilfe,ob für ein Bedarfsobjekt des Absatzmarktes eine
Kalkulation erstellt werden soll.

Entscheidungskriterien sind :

Kapazitätsmengen
Tätigkeitsort
Tätigkeitszeitraum.

A n g e b o t s k a l k u l a t i on : Diese erfolgt,falls die Entscheidung
aufgrund der Vorkalkulation positiv ausgefallen ist. Die Angebotskalkulation ist in Zusammenarbeit aus

Arbeitsvorbereitung
Verfahrenstechnik
Materialwirtschaft
Kalkulation

die Grundlage für das Angebot; damit die erste Phase der Beziehung
zwischen Markt und Unternehmen.

A u f t r a g s k a l k u l a t i o n : Falls sich aus dem Angebot ein Auftrag ergibt, werden die kostenmäßigen Bedingungen, die zu einer Abänderung
oder Ergänzung der Angebotskalkulation führen, durch die Auftragskalkulation erfaßt. Sie stellt die Produktionsfunktion für die Kosten der vertraglich vereinbarten Vergütung dar.

N a c h t r a g s k a l k u l a t i o n : Sie stellt die Produktionsfunktion
für Kosten dar, die für Leistungen anfallen, die im Leistungsverzeichnis
nicht enthalten sind, aber bei der Güterumwandlung,d.h. der Produktion
des Bauobjektes anfallen. Die vertragliche Grundlage basiert auf den
Produktionsfunktionen der Auftragskalkulation.

N a c h k a l k u l a t i on : Diese erstellt während der Auftragsabwicklung
den Soll - Ist- Vergleich zwischen den tatsächlichen Kosten und den
Kostenannahmen der Produktionsfunktionen der Auftragskalkulation.

Die Ergebnisse des Soll - Ist- Vergleiches und die funktionellen Zusammenhänge der Abweichungen ergeben Entscheidungshilfen für den Planungsbereich
des Unternehmens. Sie liefern gleichzeitig Erfahrungswerte für die Tätigkeit der

Vorkalkulation und
Auftragskalkulation.

Der funktionelle Zusammenhang der verschiedenen Phasen der Kalkulationstätigkeit wird in einem Diagramm dargestellt.

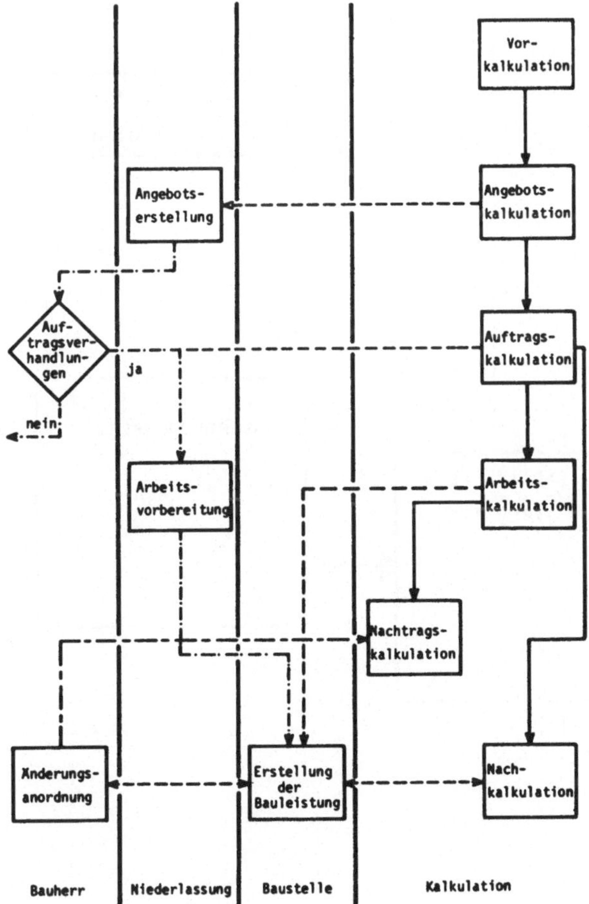

Zusammenhang zwischen Vorkalkulation, Arbeitsvorbereitung, Arbeitskalkulation, Soll - Ist - Vergleich und Rechnungswesen : (nach Strabag)

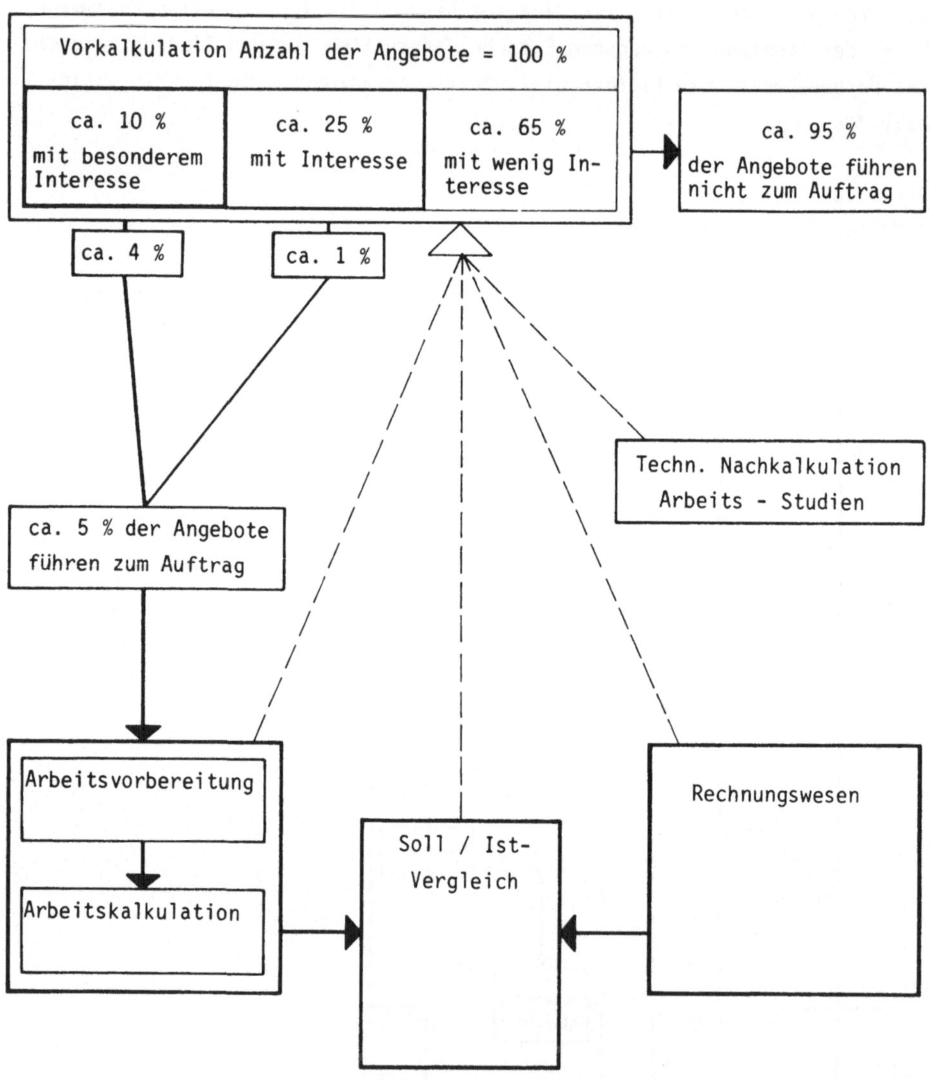

5. DIE KALKULATION DES PRODUKTIONS-OBJEKTES

Die Kalkulation eines Objektes setzt sich aus verschiedenen Teilbereichen zusammen, die funktionell zusammengefügt zu den Gesamtkosten des Objektes führen. Der funktionelle Zusammenhang der verschiedenen Teilbereiche führt auch zu Einheitspreisen der Teilleistungen des Leistungsverzeichnisses, die summiert wiederum zu den Gesamtkosten führen müssen.

Wir haben also folgenden Aufbau :

    1. Einzelkosten der Teilleistungen
    2. Baustellengemeinkosten
    Σ 1 + 2   H e r s t e l l k o s t e n
    3. Allgemeine Geschäftskosten
    Σ 1 + 2 + 3   A n g e b o t s s u m m e   n e t t o

Die Einzelkosten der Teilleistungen erfassen die Kosten, die aus den verfahrenstechnischen Produktionsaufwendungen entstehen, die notwendig sind, um den in der Position des Leistungsverzeichnisses beschriebenen Teilbereich des Objektes zu erstellen. Hier wird kein Bezug genommen auf Maßnahmen, die notwendig sind, um die Produktionsfähigkeit der Baustelle herzustellen. Diese Kosten werden, soweit sie nicht Positionen der Teilleistungen sind, in den Baustellengemeinkosten erfaßt. Unberücksichtigt sind dabei auch die Einflüsse der Allgemeinen Geschäftskosten.

Die Preise der Teilleistungen, die im Leistungsverzeichnis ausgewiesen werden, entstehen aus einem funktionellen Zusammenhang.

$$G = f\,(\text{ Verfahrenskosten }) \times f\,(\text{ Baustellengemeinkosten }) \times f\,(\text{ Allgemeine Geschäftskosten }).$$

Die Bedingungen für die richtige Erfassung dieses funktionellen Zusammenhanges lauten

Σ Herstellkosten   =   Vordersätze der LV - Positionen
+ Allgemeine Geschäftskosten   x   Einheitspreise

wobei für die Einheitspreise der Zusammenhang

G = f (Verfahrenskosten) $_x$ f (BGK) $_x$ f (AGK) gilt.

Die primäre Aufgabe der Kalkulation besteht darin, die Kosten für die einzelnen Teilbereiche zu erfassen.

5.1 DIE KALKULATION DER EINZELKOSTEN

Sowohl vom Aufwand der Kalkulation wie vom Wertanteil der Kosten her nehmen die Teilleistungen eine dominierende Stellung ein. Sie erfordern vom Kalkulator sehr viel Erfahrung sowohl über die Verfahrenstechnik im Baubetrieb als auch über den Kostenaufbau der verschiedenen Produktionsfaktoren. Nur die optimale Kombination dieser Grundvoraussetzungen wird zu einer kostenechten Kalkulation führen.

Die Einzelkosten der Positionen des Leistungsverzeichnisses entsprechen in ihrem Aufbau einer Produktionsfunktion (nach Gutenberg $M = f (v_1 \, r_2 \, \ldots \, r_n)$.

Die produktionsvariablen Kosten werden wie auch in der Produktionstheorie in zwei Klassen aufgeteilt. Potentialfaktoren, die für die verschiedenen Teilleistungen immer wieder eingesetzt werden können, und die Repetierfaktoren, die beim Prozeß für die Herstellung einer Teilleistung untergehen.

In der Bauindustrie haben sich dafür besondere Begriffsbezeichnungen eingebürgert :

P o t e n t i a l f a k t o r e n entsprechen den A r b e i t s k o s t e n
R e p e t i e r f a k t o r e n den S o n s t i g e n   K o s t e n .

Je nach der Kalkulationsart werden diesen Begriffen folgende Kostengruppen
zugeordnet :

A r b e i t s k o s t e n

Lohnkosten
Gerätekosten ohne die Betriebsstoffkosten
Fremdarbeitskosten, die häufig in den Lohnkosten enthalten sind.

S o n s t i g e   K o s t e n

Stoffkosten einschließlich der Bauhilfsstoffe
Sonstige anfallende Kosten

Neuere Kalkulationsmethoden (Strabag) unterscheiden die Kosten differen-
zierter im Sinne einer allgemeinen Produktionskostentheorie.

Hier werden den A r b e i t s k o s t e n folgende Kostengruppen zugeordnet:

   a. Lohnkosten
   b. Gerätekosten
   c. Betriebsstoffkosten
   d. Bauhilfsstoffkosten
   e. Fremdarbeitskosten

So sind im Begriffe der Arbeitskosten alle die Kosten enthalten, die sich
aus den verfahrenstechnischen Aufwendungen, d.h. der Arbeit ergeben. Bei der
betriebswissenschaftlichen Definition handelt es sich um Nutzenpotentiale,
die wiederholt eingesetzt werden können. Eine Ausnahme bilden die Betriebsstoffe, die für jede Position aufgezehrt werden. Trotzdem ist ihre Zuordnung
zu den Arbeitskosten logisch, da die Verursachung des Aufwandes im Arbeits-
einsatz liegt.

Demgegenüber sind die Stoffkosten und Sonstigen Kosten reine Repetierfaktoren,
die im Produkt, das hergestellt wird, untergehen.
Das zu erstellende Produkt, definiert durch die Beschreibung der LV - Position,
besteht folgerichtig aus

Arbeitskosten zur Herstellung des Produktes und
Kosten zur Materialisierung des Objektes.

Dies wird am Beispiel B e t o n erläutert :

A m^2 Betonwand 50 cm stark

Die A r b e i t s k o s t e n beinhalten alle Aufwendungen aus
Herstellung der Schalung einschließlich Liefern des Schalholzes
Verlegen der Bewehrung einschließlich des Bindedrahtes
Herstellen, Transportieren und Einbringen des Betons einschließlich aller
Gerätekosten.

Die S o n s t i g e n K o s t e n beinhalten alle Aufwendungen, die für
das Endprodukt B e t o n w a n d notwendig sind,
Zuschlagstoffe, Zement, Wasser,
Baustahl für die Bewehrung .

Die Aufgliederung der Kostengruppen aus Arbeitskosten und materiellen Kosten
ist abhängig vom kalkulatorischen Formular-System.

Die Produktionsfunktion der Kosten für die Position des LV wird zweckmäßigerweise in tabellarischer Form erfaßt. Der Rechenaufwand dafür, nicht die
Ansätze, können händisch oder mit Hilfe der EDV durchgeführt werden.

Beim händischen Erfassen werden häufig vier Spalten gerechnet :

Stunden
Stoffkosten
Gerät
Fremdleistung oder aber nach dem Grundsatz der Arbeitskosten :

Lohnkosten
Gerät
Bauhilfsstoffe
Fremdarbeitskosten
Baustoffkosten
Fremdleistungen .

Die Wahl der Aufteilung hängt von den Betriebsorganisationen ab. Bei der EDV
hängt die Differenzierung von der Anzahl der Speicher des Computers ab.
Gängige Kleincomputer bieten dafür acht Speicher, sodaß eine Aufgliederung
nach maximal acht Kostenarten erfolgen kann.
Eine starre Einteilung der Kostenaufgliederung ist nicht erforderlich. Man
kann objektbezogen die Aufgliederung nach den Wertigkeiten für das Objekt
differenzieren.

6. STUNDENAUFWAND UND LOHNKOSTEN

In der Gruppe der Arbeitskosten hat der Aufwand für die menschliche Arbeit,
der Lohn, eine besondere Bedeutung. Der Anteil ist nicht nur von der
Quantität her besonders groß, sondern die Erfassung der Kostengrundlagen ist
besonders schwierig.

Die Kosten für den " Lohn " ergeben sich aus den erforderlichen Stundenaufwendungen aller am Bauprozeß beteiligten Arbeitskräfte. Die Summe dieser
Stunden ist in ihrer absoluten Größe abhängig von den Leistungen, die bei
den verschiedensten Arbeitsvorgängen zugrunde gelegt werden, ob es sich nun
um manuelle Leistungen, Maschinenleistungen, also produktive Aufwendungen,
oder aber Gemeinkostenstunden, unproduktive Leistungen, handelt.

Kein Kostenbereich der Kalkulation erfordert mehr Erfahrung und technisches
Einfühlungsvermögen als eben die erforderliche Leistungsannahme. Wenn man in
Betracht zieht, daß ja kaum ein Bauobjekt dem anderen äquivalent ist, sei es
weil die Formen abweichen oder die äußeren Bedingungen sich ändern, und daß
vom Kalkulator alle Arbeitsvorgänge vorempfunden werden müssen, kann man verstehen, wieso dieser Kostenanteil auch in der möglichen Abweichung zu der
dann tatsächlich durchgeführten Leistung so risikovoll ist.

Das Risiko liegt nun nicht nur darin, daß die angenommenen Stundenansätze abweichen, sondern auch die Lohnkosten der Stunden können von den Annahmen abweichen. Dies kann zu ganz beträchtlichen kumulierenden Abweichungen zwischen
kalkulierten und tatsächlich aufzuwendenden Kosten führen. Der Kalkulator
muß also nicht nur die Stundenansätze für die Leistung, sondern auch die anfallenden Kosten je Stunde sorgfältig erfassen. Der rein schematische Vorgang
der Kostenermittlung in Stunden / Lohnbereich ist entsprechend dieser Dualität
aufgegliedert. Beim ersten Rechengang, der Ermittlung der Einzelkosten der

Teilleistungen, wird stellvertretend für den gesamten Kostenkomplex mit den Stundenwerten gerechnet. Die Kostenansätze werden im Zusammenhang mit der Berechnung der Baustellengemeinkosten in einem besonderen Rechengang ermittelt.

6.1 ERMITTLUNG DER STUNDENANSÄTZE

Die Aufwendungen an Personalkapazitäten für die einzelnen Arbeitsvorgänge ist eine Funktion der für diesen Produktionsteil gewählten Verfahrenstechnik.

Um die richtigen Ansätze für die Stunden zu erhalten, muß also der Arbeits-ablauf für die entsprechende Leistung vorher festgelegt werden. Schwierig-keiten können dann auftreten, wenn die Positionen des Leistungsverzeichnisses nicht technisch zusammengehörenden Verfahrensvorgängen entsprechen. Aber auch hier sollte man davon ausgehen, daß die Kostengrundlage durch das Ver-fahren bestimmt ist. Die Aufteilung in die Anteile der LV - Positionen kann dann in einem zweiten Arbeitsvorgang erfolgen. Falls man diesen Grundsatz vernachlässigt, kann es dazu kommen, daß wichtige Arbeitsvorgänge nicht oder mehrfach erfaßt werden. Beides kann für den Unternehmer unangenehm sein. Entweder sind die Kosten zu gering, er hat mit Verlusten zu rechnen, oder aber die Kosten sind zu hoch und er verringert dadurch seine Wettbewerbschancen.

Nun wiederholen sich zum Glück viele Vorgänge im Bauprozeß in ihrem spezi-fischen Aufbau immer wieder, sodaß für viele Vorgänge Erfahrungswerte vor-liegen, die ohne weitere Ermittlungen, höchstens mit entsprechenden Anpassungs-koeffizienten versehen, Verwendung finden können.

Daraus ergeben sich die zwei grundsätzlichen Arten für die Bestimmung der Stundenansätze von Bauleistungen

1. Erfahrungswerte, die bei gleichartigen Arbeiten gewonnen wurden
2. Ermittlungen von Stundenwerten aufgrund der Leistungsschätzung von Verfahrensvorgängen.

Aus der zweiten Art ergibt sich die Notwendigkeit, bereits im Stadium der Kalkulation die Arbeitsvorbereitung miteinzuschalten. Richtige Überlegungen über die verfahrenstechnischen Ansätze können nur im Rahmen des Gesamtab-laufes der Baustelle gefunden werden.

Bei anspruchsvollen Bauaufgaben ist also von der Organisation her die Zusammenarbeit zwischen der Kalkulation und Arbeitsvorbereitung mitvorzusehen. Die Grundlage für die Erfahrungswerte bildet die Nachkalkulation von Bauobjekten und die entsprechende Auswertung der Ergebnisse. Hier wird man wieder mit der Schwierigkeit konfrontiert, daß eine Nachkalkulation von Positionen des Leistungsverzeichnisses nicht immer brauchbare Erfahrungswerte liefert und zwar dann, wenn die Positionenaufteilung nicht den zusammenhängenden Produktionsabläufen entspricht.

Nur aus einer intensiven Zusammenarbeit der Kalkulation und Arbeitsvorbereitungen können hier durch Zusammenfassung von Leistungsgruppen Erfahrungswerte gesammelt werden, die die Verwendungsmöglichkeit bei ähnlichen Projekten zulassen. Die betriebsorganisatorische Zusammenarbeit bei Kalkulation und Arbeitsvorbereitung dient also wesentlich dazu, bessere Werte für die Stundenansätze von Leistungen zu erhalten. Eine mögliche Organisationsform wurde bereits erörtert.

6.2 LOHNKOSTEN

Nach den tariflichen oder kollektiven Vereinbarungen setzt sich der Lohnaufwand für die geleistete Arbeitsstunde aus mehreren Teilkosten zusammen. Sie sind bedingt durch

die Art der Arbeit
die zeitliche Ausdehnung
die örtliche Einsatzstelle
und die Lage der Baustelle in bezug auf den Firmensitz.

Dieser zweite Bereich in der Lohnkostenermittlung der Einzelkosten ist ebenfalls sehr risikovoll und daher sehr sorgfältig zu erarbeiten.

Die Festlegung der Lohnkostengrößen erfolgt wie bei den Stundenansätzen :

Aufgrund von Ermittlungen der Kostengrundlagen.
Basierend auf Erfahrungswerten aus der Kostenanalyse ähnlicher Baustellen.

Die Auswertung von Erfahrungswerten ist durch die Anwendung der EDV wesentlich erleichtert worden. Schwierigkeiten haben sich aber dadurch ergeben, daß für die einzelnen Kostenanteile zwischen den EDV - Programmierern und den Technikern des Produktionsbereiches voneinander abweichende Definitionen benutzt wurden. Die Gleichschaltung in den Begriffen ist ebenfalls eine organisatorische Voraussetzung der sinnvollen Zusammenarbeit der verschiedenen Service - Betriebe.

Die einzelnen Kostenbereiche der Lohnaufwendungen werden im einzelnen nur untersucht.

6.3 DER LOHN

ist die Bezahlung für die Arbeitsstunden - er setzt sich aus folgenden Kostenbereichen zusammen :

  Tariflohn für die Arbeitszeit einschließlich folgender Faktoren :

  Leistungszulagen
  Erschwerniszulagen
  Mehrarbeitszuschläge
  Akkord - Überschüsse

Diese Faktoren sind Bestandteil des Rahmentarifvertrages bzw. des Kollektivvertrages und jeweils nach der neuesten Fassung dieser Verträge der Kalkulation zugrunde zu legen. Dabei muß geprüft werden, welche Anteile der Faktoren für die zu untersuchende Arbeit anzuwenden sind.

Daraus ergibt sich für den Lohn folgender formale Zusammenhang :

  Lohn für Arbeit = Tariflohn +
  + Leistungszulage
  + a x Erschwerniszuschläge
  + a x Mehrarbeitszuschläge
  + Akkordüberschüsse

Dabei ist " a " der prozentuale Anteil der Stunden mit der Berechtigung für die Vergütung der Zuschläge.

Die Leistungszulagen sind häufig übertarifliche Vereinbarungen, die sowohl für bestimmte Firmenzugehörigkeit (Treuezulage) gewährt werden, oder es sind Leistungszulagen, die produktionsbezogen vereinbart werden.

Dazu gehören auch jene Abmachungen, die die Zulagen für Regiearbeiten im
Rahmen von Akkordvereinbarungen regeln.

Besonders beachtet werden müssen die Definitionen über den Lohn, falls es sich
um Akkordvereinbarungen für eine Leistung handelt. Hier sind durch Fehlinterpretationen in Nachkalkulationen häufig falsche Schlüsse gezogen worden. Da
bei Akkordvereinbarungen die Vergütung nach Leistungseinheiten und nicht
nach geleisteten Stunden erfolgt, ist dieser Umstand sowohl bei der Kalkulation als auch in der Nachkalkulation zu berücksichtigen.

Dabei sind zwei Definitionen des Lohnes möglich :

1. Die erwartete oder eingetretene Mehrleistung im Rahmen der Akkordvereinbarung wird als Anteil des Lohnes und nicht des Stundenansatzes berücksichtigt. In der Kalkulation wird der Stundenansatz der tatsächlichen
   spezifischen Akkordleistung angesetzt.

   Der Lohn entspricht dem normalen Lohnanteil plus dem Überschuß aus der
   Akkordvereinbarung. In der Ermittlung des Lohnanteiles der Einzelkosten
   der Teilleistungen gilt dann

   a. Stundenanteil
      in Kalkulation $\quad = \quad \dfrac{\text{effektive geleistete Stunden}}{a}$
      und Nachkalkulation

   b. Lohngröße $\quad = \quad$ tarifliche oder kollektive Lohngrößen +
      Zuschlag aus Akkordüberschuß
      $L^{T(K)} + L^{Akkord}$

   Es gilt dann
   Anteil der Lohnkosten $\quad = \quad a \times (L^{T(K)} + L^{Akkord})$
   in den Einzelkosten

2. Die erwartete oder eingetretene Mehrleistung wird als Anteil der Stunden
   und nicht des Lohnes berücksichtigt.

In der Kalkulation wird also mit den Stundenansätzen der Akkordvereinbarung
im Zusammenhang mit den Leistungsgrundlagen gerechnet. Dies ist dann von
Vorteil, wenn es sich um immer wiederkehrende ähnliche Arbeiten handelt.
Dies ist häufig im Hochbau der Fall und z.B. vertraglich im Münchner Akkord-
tarifvertrag festgehalten worden. Die Stundenansätze je Leistungseinheit
sind auch die Grundlage des Leistungslohnes.

Die Kostengröße Lohn entspricht dann dem normalen Lohnanteil für die geleisteten Stunden.

a. Stundenanteil
   in Kalkulation $= \bar{a} = a + a'$
   und Nachkalkulation   wobei " a " die tatsächlich geleistete
                              Stunde ist und " a' " der Akkordüberschuß

b. Lohngröße $= L^{T(K)}$
                              (Tarif- oder Kollektivlohnanteil)

Es gilt dann
Anteil der Lohnkosten
in den Einzelkosten $= \bar{a} \times L^{T(K)}$

6.4 MITTELLOHN

Um eine möglichst genaue Berechnung der Größe des Mittellohnes zu ermöglichen und eine richtige Ableitung aus Erfahrungswerten zu gewährleisten, wurde der Mittellohn,wie er bei der Kalkulation eingesetzt wird, so definiert :

$$L^M = \text{Mittellohn} = \frac{\text{Lohn der Arbeit + Lohn der Aufsicht}}{\text{Arbeitsstunden ohne Aufsichtsstunden}}$$

wobei der Ermittlung der Größen in der Nachkalkulation die Lohnliste zugrunde gelegt wurde. Damit waren die Aufwendungen für die Aufsichten Bestandteil des Mittellohnes. Die absolute Größe für den Lohnanteil der Aufsichten hing von der Größe der eingesetzten produktiven Lohnstunden ab.   .

Bei der steigenden Mechanisierung und verfahrenstechnischen Rationalisierung des Baubetriebes sind mit dieser Handhabung Schwierigkeiten aufgetreten. Schwierigkeiten deshalb, weil die Vergütungsanteile für Aufsichten als Bestandteile des Mittellohnes zu nicht kostengerechten Berechnungen geführt haben.

Die Arbeitsvorbereitung ermöglicht es, den Ablauf einer Baustelle in einem vertretbaren Maße vorauszubestimmen. Es erscheint deshalb sinnvoller, die Lohnaufwendungen für die Aufsichten nach der voraussichtlich tatsächlich eintretbaren Größe des Zeiteinsatzes zu berechnen.

Die Genauigkeit der Vorausdisposition des Aufsichteneinsatzes ist anhand der
Ablaufzeiten sicher mit etwas größerer Genauigkeit möglich. Da die Vorberechnung der Kostengröße Lohn bei der Kalkulation schon in sich große Risiken enthält, erscheint es auch von diesem Standpunkt aus gesehen besser,
wenn für die Aufsichten eine absolutere Bemessungsgrundlage gewählt wird.

Der Anteil der Lohnkosten für die Aufsichten ist dann nicht mehr Bestandteil
der Einzelkosten, sondern wird in den Baustellengemeinkosten miterfaßt.

Damit ergibt sich der Mittellohn zu

$$L^M = \frac{\text{Lohn der Arbeit ohne Lohn für Aufsicht}}{\text{Arbeitsstunden ohne Aufsichtsstunden}}$$

Bei der Ermittlung der Einzelkosten gibt es nun nicht nur einen Mittellohn,
sondern nach der Art der Zusammensetzung der Einsatzkolonnen kann es für
jedes Sachgebiet, z.B. Erdarbeiten, Betonarbeiten, Maurerarbeiten, einen
eigenen spezifischen Mittellohn geben. Er ist nach den vorher aufgestellten
Grundsätzen zu ermitteln.

Je nach Handhabung der Nachkalkulation bzw. dem Aufbau der Lohnabrechnung
kann es aber für eine Bauaufgabe auch nur einen Mittellohn geben. Letztlich
ist dies eine Frage der Organisation einer Firma. Beide Handhabungen sind
grundsätzlich möglich, wobei für kleinere Bauvorhaben ein Gesamtmittellohn
ausreicht. Für große Bauvorhaben mit sehr verschiedenen Sachaufgaben ist
wohl der differenzierte Mittellohn vorzuziehen.

Mit dem Produkt

Stundenanteil x Mittellohn

für jede Position ist üblicherweise die Kalkulationsaufgabe für den Titel
Einzelkosten der Teilleistungen abgeschlossen, der Gesamtkostenaufwand aber
noch nicht vollständig erfaßt.

Die Gesamtlohnkosten setzen sich aus folgenden Kostenanteilen zusammen

Lohn
lohngebundene Kosten
Lohnnebenkosten
+ (Fremdlohnkosten)

wobei nur der Lohn bei den Teilleistungen erfaßt wird, die übrigen Lohnkosten
Bestandteil der Baustellengemeinkosten sind.

Der rein sachliche Vorgang der Berücksichtigung der Baustellengemeinkosten
wird bei dem Kapitel " Ermittlung des Endzuschlages " berücksichtigt.
Hier sollen die Kostengrößen nur miterörtert werden, damit der Komplex des
Lohnes vollständig erfaßt wird.

6.5 LOHNGEBUNDENE KOSTEN

Hier handelt es sich um alle die auftretenden Kosten, die ihrer Größe nach
an den Lohn gebunden sind.
Für sie gilt der Zusammenhang

lohngebundene Kosten   =   f (Stunden x Mittellohn) x d in %

Die tatsächlichen funktionellen Bezugsgrößen werden deshalb auch als prozen-
tualer Anteil vom Lohn angegeben.

Wir unterscheiden dabei im wesentlichen folgende Kosten :

Soziallöhne
Sozialaufwendungen
sonstige lohngebundene Kosten.

6.5.1 Soziallöhne und Sozialaufwendungen

Die Erfordernis für die Bezahlung dieser Kosten ist in den tariflichen
(kollektiven) Vereinbarungen und gesetzlichen Bestimmungen festgelegt.
Ebenso wie die Höhe des Endlohnes unterliegen sie einem stetigen Wandel,
nicht nur in ihrer Bezugsgröße, sondern auch im sachlichen Aufbau.

Bei der Kalkulation müssen also immer die neuesten gültigen Voraussetzungen
für die Bezugsgrößen berücksichtigt werden. Es werden deshalb hier nicht Er-
örterungen über den sachlichen Inhalt der Bezugsgrößen angestellt, sondern
nur Hinweise auf gegenwärtige Größenordnungen gegeben.

6.5.1.1

In der Bundesrepublik Deutschland ergeben sich, wobei regionale und firmen-
interne Grundsätze zu berücksichtigen sind, folgende Größenordnungen
(Stand Januar 1975) :

Durchschnittliche jährliche Arbeitszeit :

Kalendertage		365
Arbeitsfreie Tage		
Samstage und Sonntage	104	
Bezahlte Feiertage	9	
Freie Tage (Weihnachten-Neujahr)	6	
Urlaubstage (Mittel aus 15 bzw. 18 Tage + Zusatzurlaub)	17	
Krankheitstage (Annahme aus 1974)	13	
Freizeiten nach BRTV, Betriebsverfassungs- gesetz, Arbeitsförderungsgesetz, usw.	2	
Bummeltage (Annahme)	5	
Schlechtwettertage (Annahme)	20	−176
Arbeitstage/Jahr (365 - 176)	=	189

Prozentsätze der Sozialkosten : (ZN München)	%
Soziallöhne	
Feiertagsbezahlung	4,79
Bezahlte Ausfalltage	1,06
Lohnfortzahlung bei Krankheit (1974 = 6,66)	6,73
Sicherheitsfachkräfte	0,15
	12,73

(Zuschlagsbasis 100 + 12,73 = 112,73 %)

Gesetzliche Sozialaufwendungen

Rentenversicherung 9 % x 112,73 %	10,15
Arbeitslosenversicherung 1 % x 112,73 %	1,13
Unfallversicherung	

bei 50 % Tiefbau   0,5 x 4,80 % = 2,40 %
bei 50 % Hochbau   0,5 x 2,93 % = 1,47 %

3,87 %	
3,87 % x 112,73 %	4,36
vermutliche Erhöhung	0,14
Übertrag :	15,78

Übertrag :		15,78
Krankenversicherung		
(Mittel bei verschiedenen Kranken- kassen)	5,10 % x 112,73 %	5,75
dto. für SWG-Empfänger	10,20 % x 9,41 %	0,96
Schwerbeschädigtenausgleich		0,15
Arztkosten		0,01
		22,65
Tarifliche Sozialaufwendungen		
Sozialkassenbeitrag 17,50 % x 112,73 %		19,73
Freiwillige Sozialaufwendungen		
Weihnachtsgeld, Kontoführungsgebühren, usw.		2,50
Zusatzurlaub		0,75
Jubiläumsabgaben		0,05
		3,30
Vermögensbildung	2,00	
Sozialabgaben dazu (18,97 %)	0,38	2,38
Winterbauumlage		
4 % x 114,73 %		4,59
Lohnabrechnung		
2,5 % x 112,73 %		2,80
Kleingerät und Werkzeug		4,00
Nebenstoffe und Nebenfrachten		2,00
Lohnnebenkosten		25,00
S o z i a l k o s t e n zusammen rund :		99,20

6.5.1.2

Für die Republik Österreich werden die Soziallöhne und Sozialabgaben im jeweiligen Bauhandbuch veröffentlicht. Die Werte setzen sich aus folgenden Grundbedingungen zusammen (Zusammenfassung Bauhandbuch 1976) :

Die jährliche Soll-Arbeitszeit :

Anzahl der Tage im Jahr
  (unter Berücksichtigung des Schaltjahres)
  365 x 3 + 366 = 1461 : 4 =   365,25

Ausfalltage

  Sonntage (unter Berücksichtigung des
  Schaltjahres) 365 x 3 + 366 = 1461 : 4 : 7 =   52,18

  Samstage (unter Berücksichtigung des
  Schaltjahres)   52,18

  Bezahlte Feiertage
    5 fixe Feiertage, die stets auf Werktage fallen,
   10 bewegliche (Wochen-) Feiertage, die inner-
      halb von 7 Jahren je einmal auf einen Samstag
      oder Sonntag fallen
   Gesamtzahl der nicht auf Sonntage und Samstage
   fallenden Feiertage   11,20

  Sonderfeiertage und Landesfeiertage   1,00

  Bezahlte Urlaubstage   20,88

  Entgeltliche Freizeit lt.Kollektivvertrag für
  Baugewerbe und Bauindustrie vom 1.Mai 1975   7,69

  Arbeitsausfall wegen Krankheit   14,50

  Sonstiger Arbeitsausfall (unbezahlter Urlaub,
  Betriebsstörungen, Bummeltage, usw.)   4,25

  Schlechtwetterausfallzeit   10,24

  Ausfallzeit der Betriebsräte (Annahme)   1,24

  Betriebsversammlung lt.Kollektivvertrag für
  Baugewerbe und Bauindustrie vom 1.Mai 1975   0,19

Ausfallzeit insgesamt   −175,55

Soll-Arbeitszeit (365,25 − 175,55)   189,70

Prozentsatz der sozialen Aufwendungen, Stichtag 6.Januar 1975 :

Sozialversicherungszuschlag :

  Arbeitslosenversicherung 50 % von 2,00 %   1,00

  Pensionsversicherung 50 % von 17,50 %   8,75

  Krankenversicherung 50 % von 6,30 %   3,15

  Unfallversicherung Arbeitgeberanteil 100 %   2,00

  Übertrag :   14,90

Übertrag :	14,90	
Entgeltfortzahlungsgesetz Arbeitgeberanteil 100 %	3,80	
Ausgleichsfonds für Familienbeihilfen Arbeitgeberanteil 100 %	6,00	
Wohnungsbeihilfenbeitrag für Rentenempfänger Arbeitgeberanteil 100 %	0,40	
Wohnbauförderungsbeitrag 50 % von 1,00 %	0,50	
Schlechtwetterentschädigungsbeitrag 50 % von 1,40 %	0,70	26,30
Bezahlte Feiertage 11,20 Tage zu 0,666 %		7,46
Sonderfeiertage und Landesfeiertage 1 Tag zu 0,666 %		0,67
Bezahlte Urlaubstage		
Berechnung für Nichtakkordanten		34,84
Berechnung für Akkordanten	42,09	
Entgeltliche Freizeit		3,05
Entgeltfortzahlungsgesetz (Annahme)		0,46
Krankenentgelt		0,25
Ausgleichstaxe nach dem Invalideneinstellungsgesetz		0,14
Weihnachtsgeld		14,86
Sozialversicherung und Lohnsummensteuer auf Weihnachtsgeld		4,07
Wohnungsbeihilfe		0,69
Sozialversicherung bei unbezahltem Urlaub und Betriebsstörungen		0,28
Schlechtwetterentschädigung		0,23
Ausfallzeit der Betriebsräte		0,83
Betriebsversammlung		0,13
Abfertigung		2,34
Lohnsummensteuer		0,55

Z u s c h l a g s a t z für s o z i a l e Aufwendungen
für Arbeiter zusammen rund : 97,15

6.5.2 Lohnnebenkosten

Ein wichtiger Bestandteil der Lohnkosten sind die Lohnnebenkosten. Sie
setzen sich aus folgenden Anteilen zusammen :

   t a r i f l i c h e Lohnsteuer
   f r e i w i l l i g e lohnsteuerpflichtige Auslösung
      Wegegeld
      Wochenendheimfahrt
      An- und Abreisekosten
      Reiselöhne
      Transportkosten von Personal.

Kein Faktor der Lohnkosten ist so stark betriebs- und baustellenabhängig wie
die Lohnnebenkosten. Deshalb werden sehr häufig die betriebsinternen Erfahrungswerte bei Kalkulationen zugrunde gelegt.

Die Grundwerte für die Vergütung sind in den Tarif- bzw. Kollektivverträgen
festgelegt und Bestandteil der tariflichen Lohnvergütung. Die tariflichen
Voraussetzungen sind auch ausschlaggebend für die steuerfreie oder steuer-
pflichtige Vergütung der Lohnnebenkosten. Dies ist allerdings weniger eine
Frage der Kalkulation als der Abrechnung durch die Lohnbuchhaltung.

Die Höhe der Lohnnebenkosten kann selbstverständlich auch für jede Baustelle
nach den tariflichen und freiwilligen Grundlagen gesondert ermittelt werden.
Eine bedeutende Rolle spielen dabei die örtlichen Verhältnisse in bezug auf
Ballungsräume und Verkehrssituationen. Diesen Umständen soll durch entsprechende Annahmen Rechnung getragen werden.

6.5.2.1

Wohnlager :

Zu den Lohnnebenkosten gehören auch die Kosten für das Wohnlager. Die direkte
Zuordnung hängt jedoch von der Art der Ausschreibung ab.
Wir können folgende Möglichkeiten unterscheiden :

Wohnlager auf- und abbauen und unterhalten ist

   in gesonderter Position zu berechnen

   in die Einrichtung miteinzurechnen, falls keine gesonderte Position vorhanden ist

   als Anteil der Baustellengemeinkosten in direktem Zusammenhang mit den
   Lohnnebenkosten zu ermitteln.

Bei den Kosten für Wohnlager unterscheiden wir zwei grundlegende Arten :

6.5.2.1.1

Ständige Wohnlager :

Im Schwerpunkt von Firmenniederlassungen oder Firmenzentralen mit einem kontinuierlichen Baustellenumsatz im Nahbereich werden häufig auch ständige Wohnlager eingerichtet. Sie dienen zur Unterbringung der von auswärts in die Ballungsräume kommenden Arbeitskräfte. Sie sind nicht baustellenbezogen und könnten auch zu den Hilfsbetrieben einer Niederlassung gerechnet werden. Sollten die Kosten jedoch auf die Baustelle umgelegt werden, so sind folgende Kosten zu berücksichtigen :

Abschreibung und Verzinsung der Anlagekosten
Reparatur der Anlagen
laufende Kosten für Verwaltung
laufende Kosten für Unterhaltung
(Wäsche, Strom, Wasser, Gas, Reinigung, usw.)

Diese Kosten können nun auf die Übernachtung aufgrund von durchschnittlichen Übernachtungszahlen umgelegt werden oder sie werden auf die Stunden umgelegt und als Bestandteil der Lohnnebenkosten berechnet.

6.5.2.1.2

Baustellen-Wohnlager :

Für Baustellen, die nicht im Schwerpunktsbereich liegen, aber auch nicht mit ausreichend Arbeitskräften aus dem Nahbereich rechnen können, ist es erforderlich, daß für die Dauer der Bauzeit Wohnlager errichtet werden. Die Größe dieser Wohnlager richtet sich nach der erforderlichen Anzahl der Arbeitskräfte, die aus anderen Bereichen zugeführt werden müssen. Die räumlichen und sanitären Anforderungen sind in Richtlinien festgelegt.

Es ergeben sich folgende Kosten, die kalkulativ erfaßt werden müssen :

An- und Abtransport von Baracken und Containern

Auf- und Abbauen mit Mobiliar : anliefern, einrichten, abfahren

Vorhalten des Lagers, bestehend aus : Baracken und Containern, Einrichtung, Wäsche ; je nach Länge der Baustelle monatliche Werte nach Geräteliste oder Neukauf und vereinbarte Abschreibung.

Versorgungsanlagen : Strom, Wasser, Abwasser, Fäkalien, Einrichten

Unterhalten des Wohnlagers : Lagerverwaltung, Putzfrauen, Strom und Wasser, Wäsche reinigen, Heizung.

Die so ermittelten Kosten werden ebenfalls entsprechend den Ausschreibungs-
bedingungen berücksichtigt :

in gesonderter Position

in der Position für die Einrichtung

in den Baustellengemeinkosten als direkter Bestandteil der
lohngebundenen Kosten.

6.5.2.2

Sonstige lohnabhängige Kosten :

Neben den direkt von der Anzahl der Stunden und damit vom Lohn abhängigen
Kosten treten noch Zuschläge für andere Bereiche auf. Hier treten die Stunden und der Lohn nur als Bezugsgröße auf, um eine einfache Berücksichtigung
von anderen Kostenarten zu ermögen.

6.5.2.2.1

Kleingeräte und Werkzeuge :

Es würde den Rahmen und die Möglichkeiten von Projektkalkulationen überstei-
gen, wenn man auch die Werte für Kleingeräte und Werkzeuge kalkulativ nach
dem voraussichtlichen Objektbedarf ermitteln würde. Kleingeräte und Werkzeuge
sind Werte, die nach der steuerlichen Gesetzgebung im Anschaffungsjahr als
geringwertige Wirtschaftsgüter abgeschrieben werden können. Hier ist eine
genauere Berücksichtigung nur über das allgemeine Rechnungswesen möglich.

Die tatsächlichen jährlichen Aufwendungen werden lohnbezogen ermittelt und
als Lohnkostenzuschlag in der Kalkulation berücksichtigt.

Brauchbare Werte sind

Werkzeuge und Kleingeräte 2 - 5 % der Mittellohnkosten.

6.5.2.2.2

Lohnabrechnung :

Insbesondere bei Arbeitsgemeinschaften wird die Lohnabrechnung dem kauf-
männisch geschäftsführenden Partner gesondert vergütet. Üblicher Satz für
diese Tätigkeit ist derzeit

2,50 % der Bruttolohnsumme.

In der Kalkulation ist zu berücksichtigen, daß dieser Prozentsatz nicht nur für die produktiven und unproduktiven Stunden zu vergüten ist, sondern auch für Soziallöhne. Damit ergibt sich

2,50 % x 1,12 (Anteil Soziallohn) = 2,80 %.

Dieser Betrag erscheint im Baustellenaufwand als Fremdaufwendung.

6.6 FREMDLOHNKOSTEN

Die in der Rubrik Lohnkosten einer Kalkulation ausgewiesenen Aufwendungen werden im Regelfall über das Lohnbüro erfaßt. Es können jedoch Fälle auftreten, wo Aufwendungen der Lohnseite nicht über das Lohnbüro, sondern als sonstige Aufwendungen erfaßt werden. Die Voraussetzung ist dann gegeben, wenn nicht betriebseigene Arbeitskräfte eingesetzt und auch nicht über die eigene Lohnliste vergütet werden.

Dies ist im Falle von Partner-Arbeitnehmern im Bereich von Arbeitsgemeinschaften dann der Fall, wenn es sich um kurzfristige Einsätze handelt, die eine Ummeldung von der Partnerfirma zur Argebaustelle nicht zweckmäßig erscheinen lassen. Bei Eigenbaustellen oder Argen kann diese Möglichkeit aber auch dann auftreten, wenn Arbeitnehmer von fremden Betrieben eingesetzt werden.

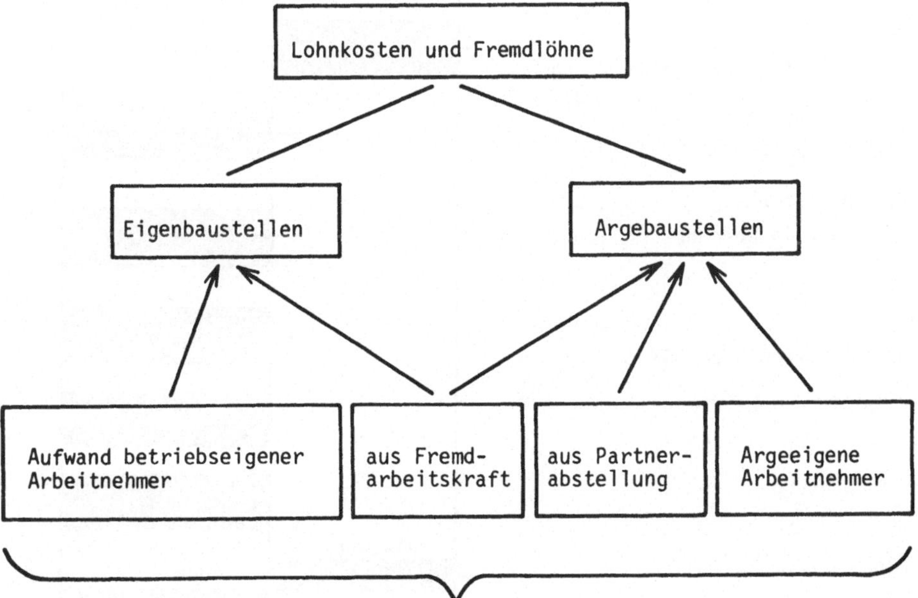

Alle Aufwendungen in der Stunden- und Lohnkosten-Nachkalkulation berücksichtigen.

Die Verrechnung erfolgt meist über einen festen Stundensatz, der alle lohngebundenen Kosten enthält. Es handelt sich dabei ja um eine echte Dienst-
leistung.

Von Bedeutung sind diese Aufwendungen weniger von der ausführenden Seite her,
sondern in bezug auf die Ergebnis-Analyse und die Nachkalkulation. Häufig
werden diese Aufwendungen, da sie nicht in der Lohnliste erscheinen, bei der
Betrachtung vergessen und dies kann bei der Interpretation eines Zwischen-
ergebnisses zu Fehlentscheidungen führen.

Die Fremdlöhne sind sowohl von der Stundenanzahl her bei der Stundennachkal-
kulation zu berücksichtigen, wie auch in der Kostenanalyse beim Lohnaufwand
zu erfassen.

Da die Aufwendungen für Fremdlöhne alle lohngebundenen Kosten enthalten, also
auch Lohnnebenkosten, ist sorgfältig zu prüfen, daß im Lohnkostenbereich sowohl bei den Eigenkosten wie auch bei den Fremdkosten die gleichen Bezugsgrößen berücksichtigt werden.

Verteilung der lohngebundenen und lohnabhängigen Kosten :
Kostenarten im Kalkulationsschema

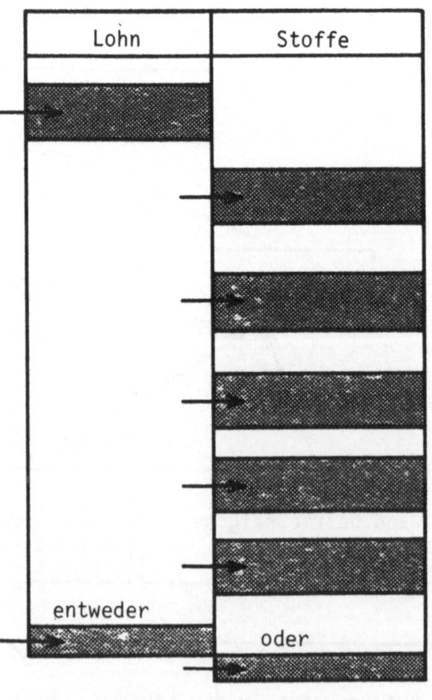

Lohnkosten
in Einzelkosten der Teilleistungen

Lohngebundene Kosten
in BGK enthalten

Lohnnebenkosten
in BGK oder in besonderer Position
des LV

Wohnlager
in Einzelkosten oder BGK

Kleingerät und Werkzeuge
in BGK

Lohnabrechnung
in BGK

Fremdarbeitslöhne
in Einzelkosten

6.7 DER HERSTELL - MITTELLOHN

Wir sind vorher davon ausgegangen, daß in der Kalkulation der Gesamtbereich der Lohnkosten in zwei getrennten Rechengängen erfaßt wird. Bei der Ermittlung der Teilleistungen wird nur mit dem Kostenanteil Lohn gerechnet.

Nun ist es rein vom formalen Kalkulationsstandpunkt aus durchaus vertretbar, wenn nicht nur mit dem Mittellohn gerechnet wird, sondern mit dem Herstell-Mittellohn.

Hier sind nach der Definition von Strabag folgende Kosten enthalten :

   Mittellohn ohne Aufsichtskosten
   lohngebundene Kosten
   Lohnnebenkosten.

Bezogen werden die Herstell-Lohnkosten auf die Arbeitsstunden.

In der Berechnung der BGK sind dann die Lohnkostenanteile, die im Herstell-Mittellohn berücksichtigt sind, nicht mehr zu erfassen.

Beide Berechnungsarten führen zum Ziel. Die Entscheidung, ob Mittellohn oder Herstell-Mittellohn gerechnet werden soll, bleibt der betrieblichen Entscheidung überlassen.

Herstell-Mittellohn (ohne Aufsicht)

Objekt/Baustelle ____

Tarifzeitraum ⟶									
Kolonnen-Zusammensetzung	An-zahl	Tariflohn	Betrag	An-zahl	Tariflohn	Betrag	An-zahl	Tariflohn	Betrag
1 Hilfspoliere (soweit sie mitarbeiten)									
2 Fachvorarbeiter									
3 Facharbeiter, gehobene									
4 Facharbeiter									
5 Bau-Fachwerker									
6 Bauwerker									
7 Bau-Maschinenführer									
8									
9									
10									
11									
12									
13 Summe	—			—			—		
14 Tarif-Mittellohn (Ges. Betrag : Anzahl)									
15 Zulagen für Über- und Nachtstunden	____ % v.Z. 14			____ % v.Z. 14			____ % v.Z. 14		
16 Zulagen für Erschwernisse	____ % v.Z. 14			____ % v.Z. 14			____ % v.Z. 14		
17 Zulagen für __________	____ % v.Z. 14			____ % v.Z. 14			____ % v.Z. 14		
18 Zwischensumme (14+15+16+17)									
19 Zulagen für __________	____ % v.Z. 18			____ % v.Z. 18			____ % v.Z. 18		
20 Mittellohn ohne Vermögensbildung (18+19)									
21 Vermögensbildung	____ % v.Z. 20			____ % v.Z. 20			____ % v.Z. 20		
22 MITTELLOHN einschl. Vermögensbildg. (20+21)	⟶			⟶			⟶		
23 Lohngebundene Kosten	____ % v.Z. 22			____ % v.Z. 22			____ % v.Z. 22		
24 Lohnnebenkosten	____ % v.Z. 22			____ % v.Z. 22			____ % v.Z. 22		
25 HERSTELL-MITTELLOHN (22+23+24)	⟶			⟶			⟶		
26 Lohnsummen (Arb. Std. x Herstell-ML)	Arb. Std.		volle DM	Arb. Std.		volle DM	Arb. Std.		volle DM
27 Lohnsumme Herstell-Einzelkosten									
28 Lohnsumme Herstell-Gemeinkosten									
29 Insgesamt									

Raum für Einzelermittlungen: ____

7. STOFFKOSTEN

Durch die inflationären Tendenzen auf dem Markt der Stoffkosten ist die Bedeutung des Stoffkostenanteiles an dem Kalkulationspreis gestiegen. Es erhebt sich deshalb die Frage, ob die gesamtbetriebliche Erfassung für diesen Kostenanteil, der immerhin zwischen 25 % und 35 % der Gesamtkosten der Bauproduktion ausmacht, entsprechend organisiert ist. Es erscheint notwendig, daß - wie auch bei der großen stationären Grundstoffindustrie - die Stoffkosten nicht nur als Bestandteil des Fachbereiches Einkauf gelten, sondern daß sie zu einer Materialwirtschaft zusammengefaßt werden. Diese Materialwirtschaft hätte die Aufgabe, nicht nur die Stoffe einzukaufen, sondern den Stoffkostenfluß während der gesamten Produktion zu überwachen und mit der Abrechnung über die Stoffkosten auch die Diskrepanz zwischen Angebot, Einkauf, Materialfluß und Schlußabrechnung aufzuzeigen. Erst wenn darüber Klarheit besteht, wird es möglich sein, die Kalkulation des Stoffkostenanteiles zu bessern und sorgfältiger auszuarbeiten. Noch finden bei der Kalkulation im wesentlichen nur die Ergebnisse des Einkaufes ihren Niederschlag.

Unter Stoffkosten verstehen wir nun sämtliche Stoffe, die in das Bauwerk eingehen und für die Herstellung des Bauwerkes oder als Betriebsmittel für die Kapazitäten erforderlich sind. Aufgrund der Aufgabenstellung unterscheiden wir drei Gruppen

Baustoffe
Bauhilfsstoffe
Betriebs-, Verschleiß- und Reparaturstoffe.

Die gängigen Kalkulationen fassen diese drei verschiedenartigen Anwendungs-
bereiche der Stoffe in eine Gruppe zusammen.

Erst die schon bei den Löhnen erläuterten Überlegungen, die von dem Begriff
der Arbeitskosten ausgehen, bringen auch für die Baustoffe eine sinnvolle
Aufteilung.
Die Arbeitskosten beinhalten

  Lohnkosten
  Gerätekosten
  Betriebsstoffkosten
  Bauhilfsstoffkosten
  und Fremdarbeiterkosten,

also alle die Kosten, die für die Durchführung der Arbeitsleistung erforderlich sind. Damit ist auch die kalkulativ unterschiedliche Behandlung der

  Baustoffe
  Bauhilfsstoffe
  und Betriebsstoffkosten

aufgrund der Bedeutung im Arbeitsprozeß eindeutig erläutert.

7.1 BAUSTOFFE

sind also die Stoffe, die B e s t a n d t e i l   des B a u w e r k e s
sind und als solche nach dem Werkleistungsvertrag in den Besitz des Auftrag-
gebers übergehen.

Bei kleineren Mengen von Bauhilfsstoffen wie z.B. Draht für das Binden der
Armierung, Nägel für die Herstellung der Schalung, werden bei den Einzelob-
jekten keine speziellen Ermittlungen angestellt. Hier ist es genügend genau,
wenn betriebsmäßige Erfahrungswerte als Zuschläge zu den Stoffkosten angesetzt werden.

Diese Stoffe gehen also mit ihren gesamten Entstehungskosten, die sich bis
zur endgültigen Fertigstellung des Produktes ergeben, in die Preisbestand-
teile als Einzelpreis ein. Sie sind, da sie sich proportional der Menge des
Bauobjektes ändern, den variablen und zwar mengenvariablen Kostenarten zuzurechnen. Da in den meisten Fällen die Proportionalität linear ist, ergibt
die Ermittlung keine besonderen Schwierigkeiten.

E r m i t t l u n g   d e r   B a u s t o f f k o s t e n :

Eine Grundlage für die marktgerechte Erfassung der Stoffkosten ist die Produktionsmenge, die für das zu kalkulierende Projekt zugrunde gelegt wird.
Aus diesem Grunde ist auch der tatsächlich erforderlichen Menge für das Bau-
projekt besondere Bedeutung zuzumessen. Es ist einleuchtend, daß größere
Mengen in vielen Fällen zu besseren Einkaufskonditionen führen. Veränderungen zwischen der Angebotsmenge und der tatsächlichen Menge könnten demnach zu
einer Veränderung des Preises führen, die sich bei einer Reduzierung der
Menge als Preiserhöhung negativ auswirken würde.

Eine der wichtigsten Vorarbeiten für die Stoffkostenpreisermittlung ist also
die M e n g e n l i s t e , die für jedes zu kalkulierende Objekt besonders
aufzustellen ist. Für eine sorgfältige Kalkulation genügt es hierbei nicht,
mit den Ansätzen aus den Leistungsbeschreibungen zu arbeiten, da diese
Mengensätze oft von anderen preispolitischen Überlegungen beeinflußt sind.
Es erscheint dringend notwendig, aufgrund der Planunterlagen und einer
genauen Kenntnis des Objektes bei wichtigen Arbeiten eine gesonderte Mengen-
ermittlung aufzustellen.

Entsprechend den unterschiedlichen Baustoffarten erfolgen die Anfragen an die
einschlägigen Händler, wobei sehr sorgfältig zu unterscheiden ist, ob es
sich um Lagerware des Händlers oder um den Direktbezug vom Herstellwerk handelt. Bei größeren Mengen sind Preisvorteile bei Direktbezug vom Herstellwerk zu erzielen. Dieser Preisvorteil ist einleuchtend, da dabei die aufwendige Zwischenlagerung und Vorhaltung beim Zwischenhandel entfallen kann.
Für die Preisgestaltung bei den Stoffkosten ist oft nicht nur die Menge entscheidend, sondern auch die Art des Stoffes. Es wird in den häufigsten Fällen
Preisvorteile geben, wenn gängige Warentypen zum Einsatz kommen, da Sonder-
anfertigungen oder ausgefallene Sorten oft mit Zuschlagspreisen versehen sind.

Für die Gestaltung von P r e i s a n f r a g e n sind daher folgende spezifischen Angaben nötig :

Art des Bauobjektes, insbesondere mit Hinweisen über die Zufahrtsmöglich-
keiten, den Einsatz von Lastzügen oder Solofahrzeugen;

die Dauer der Bauzeit und die Lieferungsmenge je Zeiteinheit, damit auch
bei der Preiseinholung geklärt werden kann, ob die erforderlichen Kapazitäten vorhanden sind.

Weitere notwendige Angaben für die Preisfindung sind Hinweise, ob es sich
um Festpreise für einen bestimmten Zeitraum handelt oder ob die Möglichkeit besteht, Stoffpreisgleitklauseln anzuführen.
Die Erfahrungen der letzten Jahre haben gezeigt, daß diese Überlegungen
insbesondere bei den Stahlpreisen von entscheidender Bedeutung für die
Bonität einer Kalkulation sein können.

Die richtige Plazierung, d.h. die richtige zeitliche Disposition der Stoff-
lieferung kann bei einer genauen Kenntnis der Marktlage wesentliche Preisvorteile bringen. Vor dem Einkauf sind Überlegungen anzustellen, ob aus der
Relation des frühzeitigen oder späteren Kapitaleinsatzes bei dadurch erzielten Preisvorteilen, insgesamt gesehen, Ersparnisse erzielt werden können.
Solche Vorausplanungen scheinen mir für eine sinnvolle Materialdisposition
bei steigenden Materialkosten notwendig zu werden.

Handelt es sich nicht um Massenstoffe, sondern um Lieferungen mit geringen
Mengen, so muß man von der Katalogware und dem Katalogpreis Gebrauch machen.
Hier sind von Bedeutung die Firmenrabatte, die sich aufgrund von Geschäfts-
beziehungen und langfristigen Absatzmengen variieren lassen. Der Einkauf muß
in diesen Fällen bei der Preisermittlung für die Kalkulation die vom Unternehmen erzielten Dauerabnehmerrabatte oder Vergünstigungen zum Katalogpreis
besonders angeben.

Bei der Kalkulation sind neben den reinen Materialpreisen folgende Neben-
leistungen der Materialwirtschaft zu berücksichtigen :

zusätzliche Frachtkosten
Schnitt, Streu oder Bruchverluste
Auf- und Abladekosten
Dimensionsaufpreise
Mengenrabatte
Festpreise oder Gleitpreise
besondere Vereinbarungen.

7.2 BAUHILFSSTOFFE

Nach der neueren Definition sind die Bauhilfsstoffe den Arbeitskosten zuzuordnen und entsprechen in der Produktionsfunktion den Potentialfaktoren. Es
sind also Stoffe, die für die Herstellung des Produktes benötigt werden,
ohne daß sie Bestandteil des Produktes werden.

Potentialfaktoren bei der Produktionsfunktion für Beton sind also die Löhne,
Gerätekosten und Schalungskosten, während die Repetierfaktoren aus Zuschlag-
stoffen und Zement bestehen. Die Kalkulation des Potentialfaktors Bauhilfsstoffe hat deshalb auch andere Voraussetzungen als die der Repetierfaktoren.

Für die Kostenermittlung genügt es nicht, die reinen Stoffkosten zu erfassen.
Wesentlich ist die Ermittlung der verfahrenstechnischen Zusammenhänge, die
sich im Anteil der Stoffkosten je Mengeneinheit der Leistungsposition aus-
drückt, wobei die Größenordnung nicht nur von der Leistungsposition bestimmt
ist, sondern auch von der Verfahrensart.

Die je m^2 einer 25 cm starken Betonwand erforderliche Menge an Schalung ist
zwar durch die Abmessungen des Betonkörpers bestimmt, die Kosten je m^2
Schalung hängen aber von der Art des gewählten Schalverfahrens ab, wobei die
Schalungseinsatzhäufigkeit und die Bauzeit für die Herstellung wesentliche
Parameter liefern.

Um den Produktionskostenanteil des Bauhilfsstoffes zu ermitteln, müssen also
die verfahrenstechnischen Zusammenhänge zwischen der Leistungsposition und
dem Einsatz des Bauhilfsstoffes ermittelt werden.

Nicht immer sind dazu detaillierte Überlegungen über den Arbeitsablauf notwendig. Die anteiligen Kosten einer Stahlspundwand für eine Baugrubenumspun-
dung hängen nur von der möglichen Einsatzhäufigkeit und dem Verschnitt ab,
ohne daß man sich viele Gedanken über die Herstellung der Baugrube machen
muß. Andererseits können die verfahrenstechnischen Überlegungen zu Grenzkostenproblemen führen, die nur im Zusammenhang zwischen dem Gesamtablauf
einer Baustelle und den Baustellengemeinkosten und den verschiedenen In-
vestitionshöhen näher definiert werden können.

Abschreibungskosten als Funktion der
Einsatzhäufigkeit nach H.Müller

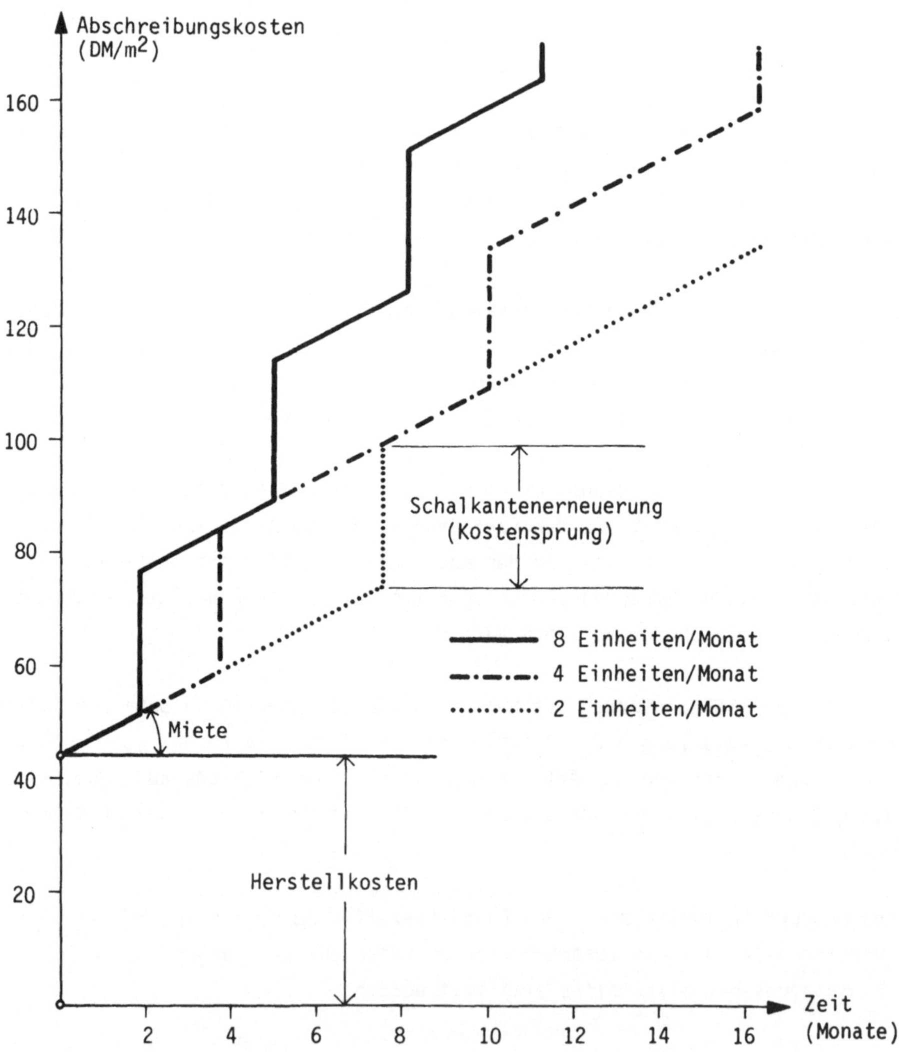

Eine Sonderstellung nehmen in diesen Überlegungen die Kosten für Spezial-
geräte oder Spezialhilfsmittel ein. Hier spielen, wie z.B. bei Vorschubge-
rüsten oder mechanischen Tunnelvortriebsmaschinen, die Fragen der Investi-
tionsabschreibung für das zu kalkulierende Objekt die ausschlaggebende Rolle,
wobei die daraus resultierenden Kosten bei den Bauhilfsstoffen oder Gerätekosten erfaßt werden können, je nach der Art der Spezialaufwendung.
Die Festlegung der Abschreibungshöhe gehört dabei schon in den Bereich der
gesamtunternehmerischen Investitionsentscheidungen.

Je nach Verfahrenswahl ergibt sich eine optimale Bauteilmenge, die zu einem
prozentual gesehen minimalen Bauhilfsstoffkostenanteil führt. Ein wesentlicher Parameter für den optimalen Wert ist der Zeitfaktor, der direkt über
die Verfahrensart und die Bauhilfsstoffmenge einwirkt.

7.3 BETRIEBSSTOFFKOSTEN

Sie gehören nach der Art ihrer Entstehung e b e n s o wie die Bauhilfsstoffe zu den A r b e i t s k o s t e n eines Objektes. Diese Kosten entstehen durch den Einsatz der erforderlichen Produktionskapazitäten. Sie sind
nur bedingt mengenvariabel. Sie sind vielmehr abhängig von der Intensität
und Kapazitätsgröße der eingesetzten Maschinen. Die Ermittlung der Betriebsstoffkosten hängt deshalb nicht so sehr von der Größe des herzustellenden
Objektes, wie z.B. Zuschlagstoffe und Zement für Beton, sondern von dem Einsatz der Maschinen ab. Voraussetzung für die Ermittlung ist also die verfahrenstechnische Überlegung über den Einsatz der Kapazitäten und hier letztlich der Einsatz an Gesamt-PS der Maschinenkapazitäten.

Zweckmäßigerweise wird also dieser Anteil der Stoffkosten bei der Kalkulation
der Gerätekosten ermittelt, aber in der Spalte der Stoffkosten bei der Ein-
zelpreisermittlung eingesetzt.
Dies gilt auch für die sonstigen

7.4 VERSCHLEISS- UND REPARATURSTOFFE

Eine genaue Definition, welche Anteile an Verschleiß- und Reparaturstoffen
durch den Ansatz der Reparaturkosten bei der Gerätekostenermittlung abge-
deckt sind, erfolgt durch die Baugeräteliste.

In besonderen Fällen sind hier in den Arge-Verträgen besondere Vereinbarungen
einzusetzen, ob die häufigsten Verschleißteile Hydraulik-Manschetten, Bagger-
zähne, Raupenketten und Baggerseile, gesondert zu verrechnen sind. Die
Schwierigkeit bei der Kalkulation besteht darin, daß es in der Praxis im
Kalkulationsstadium oft nicht möglich ist, die letztlich auf der Baustelle
getroffenen Vereinbarungen vorzusehen. Aus diesem Grunde wird nochmals auf
die Wichtigkeit der Abhängigkeit dieses Stoffkostenanteiles von der Einsatz-
disposition der Geräte im Kalkulationsstadium hingewiesen (siehe Gerätekosten).

8.GERÄTEKOSTEN

Der Anteil der Gerätekosten am Gesamtpreis eines Angebotes ist von recht
unterschiedlicher Bedeutung und kann bis zu 25 % schwanken. Bei kleineren
Baustellen im Hochbau ist die Größenordnung sehr gering, während sie im
schweren Erdbau beachtlichen und entscheidenden Einfluß auf die Gesamtkosten
hat. Unabhängig von der Größenordnung erscheint es im Rahmen einer Kalkulation notwendig, die Kosten so sorgfältig wie möglich zu erfassen.

8.1 KALKULATION DER GERÄTEKOSTEN

Die Grundlage der Kostenerfassung für das Gerät in der Bauindustrie ist die
Baugeräteliste in ihrer jeweils gültigen Ausgabe, zur Zeit die Ausgabe 1971.
Sie beinhaltet alle technisch-wirtschaftlichen Baumaschinendaten und ist
herausgegeben vom Hauptverband der Deutschen Bauindustrie. Sie hat im gleichen
Aufbau mit der Anpassung an die Preissituation Gültigkeit für Österreich.

Unter Baugerätekosten werden nach der BGL (Baugeräteliste) alle Kosten ver-
standen, die durch den Einsatz von Baumaschinen für die Bauausführung und
Baustelleneinrichtung notwendig sind. Dazu gehören auch die sonstigen Bau-
geräte, Baustellenausstattung und Baubüroeinrichtung. Sie werden in der Bauindustrie kurz Geräte genannt.

8.2 KOSTENARTEN DES GERÄTEEINSATZES

Vom wirtschaftlichen Gesichtspunkt aus gesehen, fallen durch den Einsatz der Geräte verschiedene Kosten an, die kalkulativ getrennt zu ermitteln und in getrennten Bereichen der Teilkosten zu erfassen sind.

a.Kapitalkosten der Geräte

Der Geräteeinsatz auf der Baustelle entspricht im monetären Bereich dem Einsatz von Kapital. Der Unternehmer muß es aufwenden, um die Geräte erwerben und einsetzen zu können. Die Kosten daraus entsprechen den üblichen Kapitalkosten unter Berücksichtigung des speziellen Falles.

a.1. Verzinsung V

Das eingesetzte Kapital muß marktüblich verzinst werden, um den wirtschaftlichen Einsatz zu rechtfertigen. Allerdings wird der Zinssatz durch die BGL eingeschränkt.

a.2. Abschreibung A

Das Kapital wird durch das Gerät repräsentiert und erfährt durch den Baustelleneinsatz Abnützungen, die durch die Kosten der Abschreibung kompensiert werden müssen. Der Grundgedanke geht davon aus, daß am Ende der Gerätenutzungsjahre ein Betrag für die Neuanschaffung vorhanden sein muß. Dabei werden die Modalitäten der Berechnung in der BGL genau definiert.

a.3. Reparaturkosten R

Zur Aufrechterhaltung der Einsatzfähigkeit des Gerätes - des Kapitales - sind Reparaturen erforderlich. Die dafür anfallenden Kosten müssen aufgewendet werden, damit der wirtschaftliche Einsatz des Gerätes die Verzinsung und Abschreibungskosten erarbeitet. Richtlinien für die Kalkulationsansätze dieser Kosten sind ebenfalls in der BGL enthalten.

Diese Kosten, Abschreibung + Verzinsung + Reparaturkosten, kurz A + V + R , werden in den Kalkulationsformularen in der Spalte Gerätekosten erfaßt.

b.Kosten für die Bedienung

Hier handelt es sich um Lohn- und Personalkosten der Baumaschinenführer
und des Schmierpersonals. Die Kosten werden im Teilbereich Lohnkosten
nach den dort aufgestellten Grundsätzen ermittelt.

c.Die Kosten für Betriebs- und Schmiermittel werden nach den maschinen-
technischen Grundsätzen ermittelt und unter dem Begriff der Stoffkosten
in der Kalkulation erfaßt.

d.Kosten für den An- und Abtransport der Geräte vom Zentrallagerplatz zur
Produktionsstätte.

Hier handelt es sich um Eigenleistungen oder aber Fremdleistungen. Je nach
Wahl werden sie unter den Eigenkosten oder Fremdleistungskosten erfaßt.
Außerdem gehören noch dazu die Geräteversicherung und die Steuern beim Ein-
satz von Geräten, die Bereiche des öffentlichen Verkehrs nützen.

8.3 DIE KALKULATORISCHE ERFASSUNG DER GERÄTE

Die große Anzahl der Geräte, die im Baubetrieb eingesetzt werden, setzt bei
einer vernünftigen Kostenerfassung voraus, daß eine einheitliche Erfassung
der Geräte - Kennwerte erfolgt. Dies ist erforderlich bei der bilanztechni-
schen Erfassung, besonders aber bei der kalkulativen Erfassung der anfallenden Kosten, die den Richtlinien der Baupreisverordnungen gerecht werden
müssen. Nicht zuletzt macht es der häufige Einsatz der Geräte in Arbeitsgemeinschaften erforderlich, Einheitlichkeit in der Kostenberechnung zu erhalten.

Die Baugeräteliste schafft diese gemeinsame Grundlage durch die Definition
der wichtigsten Begriffe und durch die eindeutige Klassifikation der Bauge-
räte. Sie läßt genügend Raum für die kalkulatorischen Entscheidungen des
Unternehmens gegenüber der ständig veränderten Marktsituation.

Die Baugeräteliste gliedert die Geräte nach Gerätegruppen, die folgende
Kennwerte enthalten :

    Gerätegröße
    Motorleistung
    Gewicht
    Nutzwert
    Abschreibung und Verzinsung.

Weitere Kennwerte für die Berechnung der Kosten sind :

    die Nutzungsdauer in Jahren
    die Vorhaltemonate in Monaten
    die Sätze für Abschreibung und Verzinsung
    der Satz der Reparaturkosten.

8.4 ZEITBEGRIFFE FÜR DEN GERÄTEEINSATZ UND DIE GERÄTEBEWERTUNG

Auch hier werden die Definitionen der Baugeräteliste zugrunde gelegt und im
einzelnen auf diese verwiesen.

8.4.1 Nutzungsjahre

Die Nutzungsjahre stellen die Grundlage für die kapitalmäßige Kostenermittlung
dar. Die Baugeräteliste enthält hierbei Werte, die mit den steuerlichen AFA -
Tabellen für den Wirtschaftszweig Baugewerbe vom 1.Januar 1966 übereinstimmen.

8.4.2 Vorhaltemonate

Unter diesem Begriff sind die Monate definiert, die der kalkulatorischen Abschreibung zugrunde gelegt werden. Sie stellen Erfahrungswerte dar und sind
in von-bis-Werten angegeben, um auch der betrieblichen Entscheidung einen
Spielraum zu lassen. Entsprechend ändern sich die kalkulatorischen Abschrei-
bungsfaktoren. Die Vorhaltemonate ergeben nicht die Nutzungsjahre, sondern
berücksichtigen als Abminderung den Umstand, daß Geräte kaum kontinuierlich
über die Nutzungsjahre eingesetzt werden.

8.4.3 Vorhaltezeit

Für die kostenmäßige Erfassung der Abschreibungs- und Verzinsungssätze unter
dem Kostenbereich Geräte hat die Vorhaltezeit eine entscheidende Bedeutung.
Sie hat aber nicht nur Bedeutung bei der Kalkulation, sondern auch bei der
Kostenerfassung im Baubetrieb. Sie beinhaltet die Zeit, die ein Gerät einer
bestimmten Produktionsstelle zur Verfügung steht und in der nicht anderwei-
tig darüber verfügt werden kann. Der Beginn der Vorhaltezeit ist definiert
mit dem Zeitpunkt der Verladung für den Transport zum Einsatzort, das Ende
durch den Zeitpunkt der Verladung für den Transport zu einem neuen Einsatzort. Er ist meist identisch mit dem Zeitpunkt des Freimeldedatums. Beim Rücktransport zum Bauhof beinhaltet die Vorhaltezeit auch den Zeitaufwand für den
Rücktransport. Um der richtigen kalkulatorischen Erfassung dieser Vorhaltezeit gerecht zu werden, wird die Aufteilung nach BGL besonders angeführt.

      Vorhaltezeit = Zeiten für An- und gegebenenfalls Rücktransport
                       Zeit für Auf- und Abbau
                       Einsatzzeit
                       Zeit für Umsetzen auf der Baustelle
                       Stilliegezeit
                       Zeit für Wartung und Pflege
                       Reparaturzeit

Dabei werden folgende Definitionen festgelegt :

      Einsatzzeit   = die Zeit für die Vorbereitung und Abschluß der Arbeiten
                       Betriebszeit
                       baubetrieblich bedingte Wartezeiten
                       Verteil- und Verlustzeiten

Die Stilliegezeit beinhaltet die Zeit innerhalb einer Vorhaltezeit, die
durch höhere Gewalt oder vergleichbare Umstände das Stilliegen des Gerätes
erzwingen. Es beinhaltet aber auch die Zeit außerhalb von Vorhaltezeiten,
in denen mangels Einsatzzeit oder mangels Betriebsbereitschaft ein Gerät
nicht vorgehalten werden kann.

Die Reparaturzeit beinhaltet die Zeiten für die Vorbereitung und Durchführung
von Reparaturen auf der Baustelle.

8.5 ABSCHREIBUNG UND VERZINSUNG BEI BAUGERÄTEN

Die echte Wertminderung eines Gerätes würde nach der degressiven Abschreibung erfolgen. Dabei ist die Wertminderungsrate pro Nutzungsjahr abnehmend mit der Anzahl der Nutzungsjahre. Würde man diese Abschreibung zugrunde legen, würden unweigerlich Schwierigkeiten bei der kalkulativen Erfassung der Gerätekosten und bei der Verrechnung der Gerätekosten im Bereich der Produktionsstelle - besonders bei Arbeitsgemeinschaften - auftreten. Zum Zeitpunkt der Angebotsbearbeitung ist dem Unternehmer nicht bekannt, welches Gerät er für diese Baustelle einsetzen wird und er könnte nach den Grundsätzen der degressiven Abschreibung nicht beurteilen, welchen Wertansatz pro Jahr er zugrunde legen muß. Um hier zu einer Vereinfachung zu kommen, wurde bei der Berechnung der Abschreibungskosten die lineare Abschreibung gewählt. Die lineare Abschreibung ermöglicht den gleichmäßig über die Nutzungsdauer anfallenden Wertausgleich und erleichtert somit die Kalkulation und die Vorberechnung der Kosten auf der Einsatzstelle.

Der Kapitaleinsatz Gerät erfordert aber nicht nur die Kosten für die Wiederbeschaffung, sondern auch die Kosten für die Verzinsung. Dabei geht man davon aus, daß jedes Kapital eine jährliche Verzinsung im normalen Geldverkehr ermöglicht. Daher sind den Abschreibungskosten auch die Verzinsungskosten dazuzuzählen. Auch hier sind gegenüber dem tatsächlichen Zinsdienst Vereinfachungen notwendig gewesen. Würde man den auf dem Kapitalmarkt zum jeweiligen Zeitpunkt erzielbaren Zinsbetrag zugrunde legen, wäre ein großer Rechenaufwand notwendig. Außerdem muß berücksichtigt werden, daß zum Zeitpunkt der Kalkulation nicht erfaßt werden kann, welcher Zinsfaktor zum Zeitpunkt des Geräteeinsatzes auf dem Kapitalmarkt erzielt werden kann. Der Kostenermittlung wird deshalb aufgrund von Vereinbarung ein kalkulatorischer Zinsfuß von 6.5 % im Jahr zugrunde gelegt. Aufgrund dieser Vereinbarung werden die monatlichen Sätze für Abschreibung und Verzinsung wie folgt ermittelt (nach BGL).

Die monatlichen Sätze für Abschreibung und Verzinsung in Prozenten vom mittleren Neuwert ergeben sich aus der Gleichung

$$k \quad = \quad \frac{100}{v} + \frac{p \times n \times 100}{2\,v} \quad = \frac{100}{v} \left(1 + \frac{p \times n}{2} \right) \ \%$$

$k \quad = \quad$ Monatlicher Satz für Abschreibung und Verzinsung in Prozent vom mittleren Neuwert

v = Vorhaltemonate
n = Nutzungsjahre
p = Kalkulatorischer Zinsfuß von 6,5 %

$$\frac{100}{v} = a$$ Anteil für Abschreibung je Monat in Prozent vom mittleren Neuwert

$$\frac{p \times n \times 100}{2 \, v} = z$$ Durchschnittlicher Anteil für Verzinsung je Monat in Prozent vom mittleren Neuwert, der sich ergibt aus der Summe aller kalkulatorischen Zinsen je Jahr

$$\text{Gesamtverzinsungssatz} \quad \frac{p \times n \times 100}{2}$$

geteilt durch die Vorhaltemonate v

k = a + z (%); Alle in der Baupraxis üblicherweise vorkommenden Werte k sind in der Baugeräteliste tabelliert.

Die in der Baugeräteliste aufgeführten monatlichen Abschreibungs- und Verzinsungs b e t r ä g e ergeben sich zu

K = k x A (DM/Monat)
K Monatlicher Abschreibungs- und Verzinsungsbetrag (monatlicher Kapitaldienst)
  (DM)
A Mittlerer Neuwert (DM)

Da die Vorhaltemonate v in der Baugeräteliste in von-bis-Werten angegeben sind, ergeben sich für die monatlichen Abschreibungs- und Verzinsungsbeträge in jedem Fall ebenfalls von-bis-Werte.

Es entsprechen einander

  der größere Wert für v
  dem kleineren Wert für k bzw. K

  der kleinere Wert für v
  dem größeren Wert für k bzw. K.

Da man im Rechnungswesen der Bauindustrie von der EDV starken Gebrauch macht, liegt es nahe, daß besonders die anfallenden Gerätekosten, die nach der BGL ja stark funktionalisiert sind, mit EDV berechnet werden.

Daher wurden auch die Zeitbegriffe in etwa genormt und um eine Übereinstimmung zwischen Kostenberechnung und Kostenanfall zu erreichen, sind diese Definitionen auch beim Kalkulieren anzuwenden.

$$1 \text{ Vorhaltemonat} = 30 \text{ Kalendertage} = 175 \text{ Vorhaltestunden}$$
$$= \frac{175}{8} \text{ Vorhaltetage.}$$

$$1 \text{ Vorhaltetag} = 8 \text{ Vorhaltestunden}$$

Die Vorhaltekosten ermitteln sich dann wie folgt :

$$\text{Gesamtvorhaltekosten} = \text{Vorhaltezeit} \times \text{Vorhaltekosten je Zeiteinheit}$$

$$\text{Vorhaltekosten je Kalendertag} = \frac{1}{30} \text{ des Monatsbetrages}$$

$$\text{Vorhaltekosten je Vorhaltetag} = \frac{8}{175} \text{ des Monatsbetrages}$$

$$\text{Vorhaltekosten je Vorhaltestunde} = \frac{1}{175} \text{ des Monatsbetrages}$$

Jedoch ist die Berechnung nach Vorhaltestunden sehr selten. Sie kann allerdings im Erdbau bei Einsatz von größeren Gerätemengen durchaus betrieblich von Vorteil sein, um die Imponderabilien der Witterungseinflüsse berücksichtigen zu können.

8.5.1 Geräteeinstufung

Die von-bis-Werte für A + V sind nach der betrieblichen Entscheidung festzulegen. Die Werte für die Reparaturkosten ergeben sich nach der Geräteeinstufung.

Bei der Kalkulation sind die Geräte entsprechend ihren Kennwerten einzustufen. Für Geräte, die keine direkte Zuordnung haben, sieht die BGL eine Interpolation vor. Dies gilt in ähnlicher Form für die Berücksichtigung der Neuwerte. Üblich ist es allerdings, in der Kalkulation mit den Anschaffungswerten der BGL zu rechnen, wenn nicht ausdrücklich die Neuwertberechnung vereinbart wird.

8.5.2 Sondergeräte

Für spezielle Bauvorhaben werden Sondergeräte benötigt, die nicht in der Baugeräteliste eingestuft und aufgenommen sind. Hier wird die kalkulative Abschreibung nach Investitionsgrundsätzen berechnet. Maßgebend ist die Überlegung, welche Einsatzhäufigkeit das Sondergerät voraussichtlich erreichen soll und wird.

Die Abschreibung beträgt :

$$\text{Neuwert} \quad \times \quad \frac{100}{\text{Anzahl der Einsätze}}$$

Diese Berechnungsart gilt auch für Arge-eigene Geräte, die nicht nach dem Buchwert, der der BGL entsprechen sollte, abgeschrieben werden. Insbesondere für Ausland - Einsätze bei Großbauvorhaben kann die kalkulative Abschreibung

$$A = N e u w e r t \; - \; e r z i e l b a r e r \; S c h r o t t w e r t$$

betragen.

Die Kosten für den Zinsdienst sind bei sorgfältiger Berechnung in die Baustellengemeinkosten mitaufzunehmen.

8.6 REPARATURKOSTEN

Die Reparaturkosten beinhalten die Kosten für folgende Leistungen :

L a u f e n d e R e p a r a t u r e n : Darunter versteht man Reparaturen, die üblicherweise auf der Baustelle zur Aufrechterhaltung des laufenden Betriebes durchgeführt werden können.

S c h l u ß r e p a r a t u r e n : Unter Schlußreparaturen versteht man die notwendigen Reparaturen nach jedem Einsatz eines Gerätes.

G r u n d r e p a r a t u r e n : Dies sind Reparaturen, die abhängig von den Einsatzstunden und unabhängig von der Einsatzhäufigkeit aufgrund der Betriebsvorschriften des Geräteherstellers erfolgen müssen.

Um hier ebenfalls im Betrieb zu einer Vereinfachung zu kommen, wurde eine allgemein gültige Definition der Ermittlung der Reparaturkosten in der Baugeräteliste zugrunde gelegt. In der Kalkulation wird der Gesamtanteil der Reparaturkosten ebenfalls in der Spalte Gerätekosten erfaßt. Die Größenordnung für die Reparaturkosten ist als D u r c h s c h n i t t s w e r t über die gesamte Nutzungsdauer in monatlichen Sätzen r in Prozent vom mittleren Neuwert für jede Geräteart je Monat und in monatlichen Beträgen R für jede Gerätegröße in der Baugeräteliste enthalten.

Es gilt :

$$R = r \times A \quad (ÜS)DM/Monat$$

Bei größerem Anteil der Gerätegesamtkosten kann es erforderlich sein, daß die Reparaturkosten nach ihren Einzelkostenfaktoren in der Kalkulation gesondert erfaßt werden. Hier definiert die Baugeräteliste folgende Verteilung :

20 % auf der Baustelle
80 % in Werkstätten außerhalb der Baustelle.

Dieser Betrag kann als Gerätekostenanteil in der Kalkulation berücksichtigt werden. Der 20 %ige Anteil, der auf der Baustelle anfällt, hat in etwa folgende Aufteilung :

45 % L o h n k o s t e n
    (ohne tarifliche und gesetzliche Sozialaufwendungen und ohne
    sonstige Lohnbezugszuschläge)

55 % S t o f f k o s t e n

Der Anteil der Lohnkosten kann also in Stunden umgewandelt als Anteil der Lohnkosten einer Baustelle erfaßt werden.

Die Stoffkosten finden Berücksichtigung unter der Rubrik Stoffkosten, Bauhilfsstoffe.

8.7 BETRIEBSKOSTEN

Sie sind direkt proportional der Motorleistung der eingesetzten Geräte. Im Kalkulationsstadium müßten also nicht nur die Miete und Reparaturkosten erfaßt werden, sondern auch die installierten Motorengrößen. Um all diese Werte erfassen zu können, ist es vorteilhaft, eine Geräteliste zu verwenden, in der Neuwerte tabellarisch erfaßt werden können.

Für die Betriebsstoffmenge gibt die Geräteliste folgende Werte an :

Unter V o l l a s t   180 - 220 gr je PS/h
D u r c h s c h n i t t s w e r t   120 - 150 gr je PS/h.

Bei massiertem Einsatz ist es notwendig, mit eigenen Erfahrungswerten oder Erfahrungswerten der Baumaschinenhersteller (z.B.Caterpillar) zu rechnen.

Der Anteil für Schmierstoffe kann betriebsabhängig mit

15 % bis 25 % der Kraftstoffkosten

angesetzt werden.

8.8 BEDIENUNGSKOSTEN

Die Ermittlung dieser Werte richtet sich nach den Grundsätzen der Ermittlung der Lohnkosten. Die Anzahl der eingesetzten Stundenaufwendungen je nach Art des Gerätes.

Für nicht selbstfahrende Geräte wird häufig

1 Betriebsstunde   =   1 Lohnstunde

gerechnet.

Bei selbstfahrenden Geräten wird

  1 Betriebsstunde = 1,1 Lohnstunden

gerechnet, wobei 0,1 Stunden für Wartung und Pflege angesetzt werden.

Für Großgeräte, insbesonders große Bagger, muß daneben noch ein laufender
Unterhaltungsaufwand durch den Einsatz eines Schmierers berücksichtigt werden.

  1 Betriebsstunde = 1,1 Fahrerstunden + 1,0 Schmiererstunden

Ob die Stunden mit dem tatsächlichen Lohn oder dem Mittellohn für die Gesamt-
baustelle gerechnet werden, soll von Fall zu Fall überprüft werden. Bei in-
tensivem Gerätebetrieb ist es zweckmäßig, den Mittellohn der Gerätebedienungs-
kosten gesondert zu berechnen.

8.9 KALKULATIONSVARIANTEN

Die Werte der Baugeräteliste stellen, vom Kapitalgedanken ausgehend, 100 %ige
Werte für die Abschreibung und Verzinsung und die Reparaturkosten dar. Um
sich den verschiedenen Marktsituationen anpassen zu können, besteht die Möglichkeit, diese Werte zu variieren. Von Bedeutung ist dabei lediglich die
Abweichung nach unten, um bei Rezessionseinwirkungen die Marktchancen zu erhöhen. Bei sorgfältiger Handhabung ist die Festlegung des untersten Wertes
für A + V eine gesamtbetriebliche Entscheidung, die durch die Gesamtabschrei-
bung des Anlagevermögens der Geräte nach der AfA beeinflußt wird.

Ein Grundsatz sollte dabei sein, daß bei einer sorgfältigen Geschäftsführung
der Gesamtbetrag der steuerlich möglichen Abschreibung durch den Einsatz der
Geräte mindestens erwirtschaftet werden sollte. Die Verzinsung des Geräte-
Anlage-Kapitals kann der tatsächlichen Marktlage angepaßt und gegebenenfalls
vermindert werden.

Die Grenzwerte für die Reparaturkosten können ebenfalls nur aus dem Gesamt-
rechnungswesen abgeleitet werden.

Aus der Ermittlung der tatsächlich in einem Berichtzeitraum anfallenden
Kosten kann folgende Relation aufgestellt werden :

tatsächliche Reparaturkosten $= \alpha \times R$ (nach BGL)

$$\alpha \text{ (Abweichungsfaktor)} = \frac{\text{tatsächliche Kosten}}{R \text{ (nach BGL)}}$$

Falls man sich aus marktpolitischen Gründen dafür entscheidet, geringere
Werte als die vorher erwähnten, betriebsnotwendigen Werte zu wählen, sollte
man sich darüber im klaren sein, daß der Betrag aus der Abweichung der Werte
den Ertrag der Produktionsstelle mindert, da in den meisten Fällen die
Grenzwertbeträge an die Betriebszentrale abzuführen sind. Nicht kostendeckende Werte für Abschreibung, Verzinsung und Reparaturen entsprechen
auch bei gedanklicher Anwendung der Deckungsbeitragsrechnung nicht dem
Prinzip einer sorgfältigen Geschäftsführung und Kalkulation und verursachen
einen Verlust.

Häufige Grenzwerte sind :

A + V   70 - 75 % der BGL
R   90 % der BGL

Der tatsächliche Wert kann sich nur aus einer Vermögenssituation einer Firma
ableiten.

Ü b e r l e g u n g e n   z u r   k o s t e n g e r e c h t e n   K a l k u -
l a t i o n   d e s   G e r ä t e e i n s a t z e s :

Durch den Geräteeinsatz entstehen der Kostenart nach folgende Kosten :

1. Kapitalkosten und Reparatur = Abschreibung + Verzinsung + Reparatur

2. Betriebs + Ersatzteil + Verschleißteilkosten

3. Lohnkosten

Diese Kosten werden wie folgt im Bereich der Arbeitskosten verteilt :

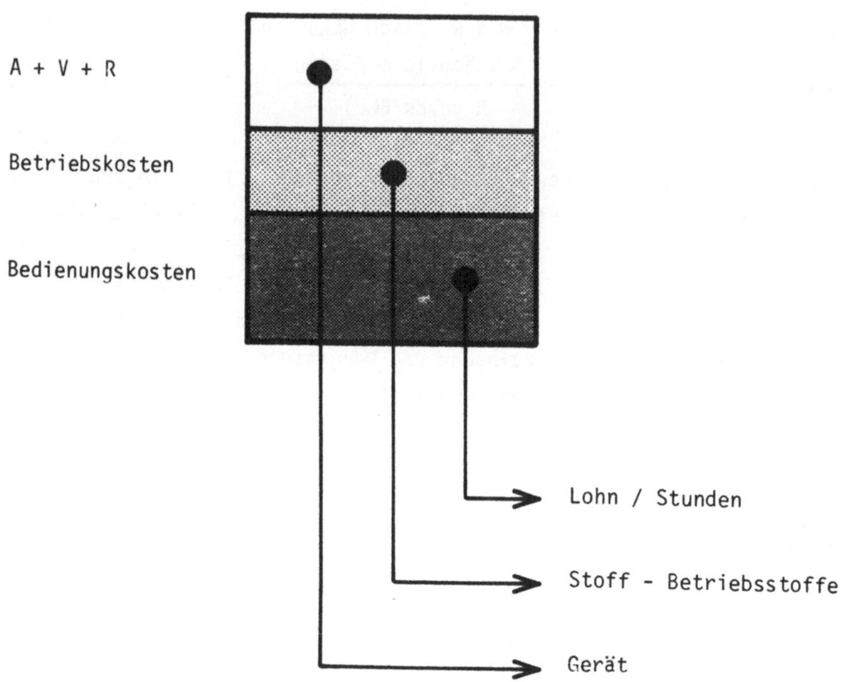

Damit ist allerdings die Frage nicht geklärt, in welchen Positionen des LV diese Gerätekosten zu erfassen sind.
Dazu ist es notwendig, die Anteile der Gerätekosten zu untersuchen.

a. Antransport und Bereitstellung der Geräte (KG_1) : Nur zeitabhängige Kosten, wenn die mengenabhängige Kapazitätsgröße vernachlässigt wird.

b. Betriebszeit + Reparaturzeit (KG_2) : Diese ist eine mengenabhängige Vorhaltezeit.

c. Abtransport der Geräte (KG_3) : Wie unter a. zeitabhängige Kosten.

Es werden folgende Varianten untersucht :

V a r i a n t e 1. : Die gesamten Gerätekosten werden in den Baustellengemeinkosten erfaßt. Es wird davon ausgegangen, daß die BGK nur auf die Lohnkosten umgelegt werden. Damit entsteht eine direkte Abhängigkeit der Gerätekosten von der Fertigungsmenge, ausgedrückt durch den Stundenaufwand.
Es gilt

$$KG \text{ (Kosten für Gerät)} = f \text{ (Fertigungsmenge / Stunden)}.$$

Eine Änderung Δ Menge Stunden führt zu einem ΔKG.
Da aber

$$KG = KG_1 + KG_2 + KG_3$$

ist, $KG_1 + KG_3$ nur zeitabhängige und nicht mengenabhängige Kosten sind, entsteht ein nicht kostengerechtes ΔKG.

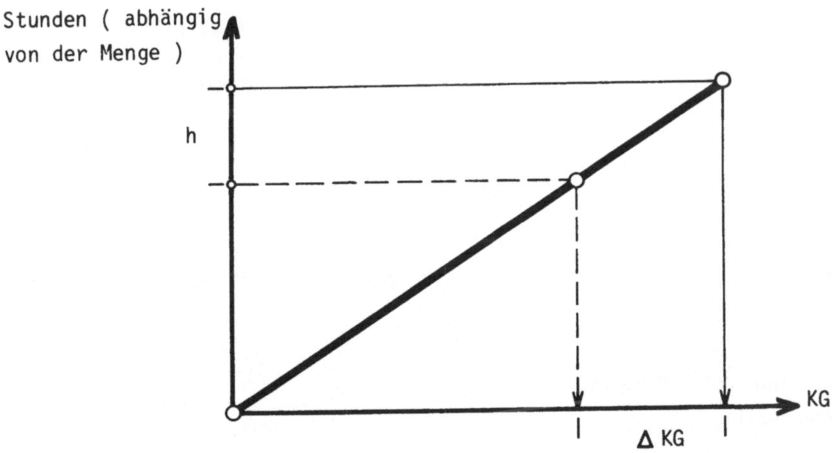

ΣKG entspricht einer gewissen Σh.
Bei Δh entsprechende Änderung $\Delta \Sigma KG$.
Dies ist nicht kostengerecht, da $\Sigma KG = \Delta KG_1 + \Delta KG_2 + \Delta KG_3$,
obwohl bei Δh nur ΔKG_2 eintritt.
KG_1 und KG_2 sind konstant.

V a r i a n t e 2. : Erfassung der Gerätekosten in der Position Einrichtung, d.h. pauschale Kosten, unabhängig von Änderung der Produktionsmenge und Produktionszeit. Es ist dann $\sum KG =$ konstant, obwohl der Kostenanteil KG_2 mengenabhängig ist. Die tatsächlich mengenabhängige Kostengröße KG_2 ändert sich also auch bei einer Änderung der Fertigungsmenge nicht. Dies kann zu unberechtigten Kostenänderungen sowohl für den Auftragnehmer als auch für den Auftraggeber führen.

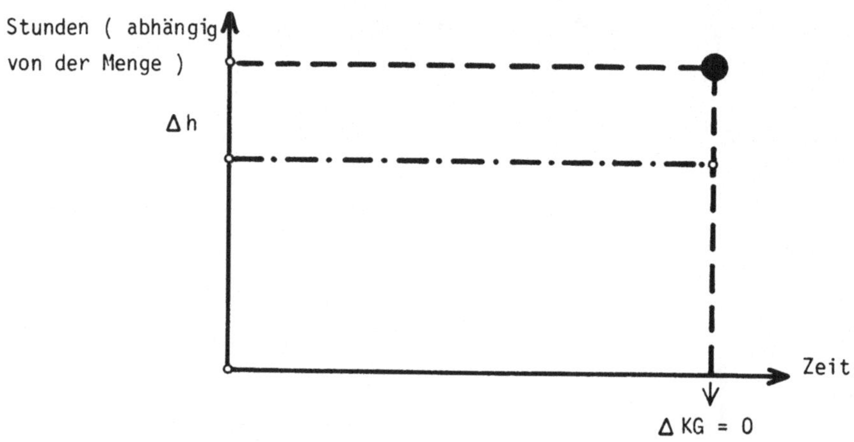

V a r i a n t e 3. : Die beiden in ihrer Abhängigkeit verschiedenen Kosten-gruppen

$KG_1 + KG_3$ nur zeitabhängig
KG_2 mengenabhängig

werden in den relevanten Positionen des LV erfaßt.

$KG_1 + KG_3$ An- und Abtransport sind ja - bezogen auf das LV - Fixkosten, da die zeitliche Abhängigkeit der Transportzeit vom Auftragnehmer bestimmt wird. Es erscheint also sinnvoll, diese Kosten in der Einrichtung zu erfassen.

Die Kostengruppe KG_2 - also die von der Produktionsmenge abhängige Kostengröße - sollte nach dem Grundsatz, die Kosten dort zu erfassen, wo sie entstehen, in den die Leistung erfassenden Positionen berechnet werden.

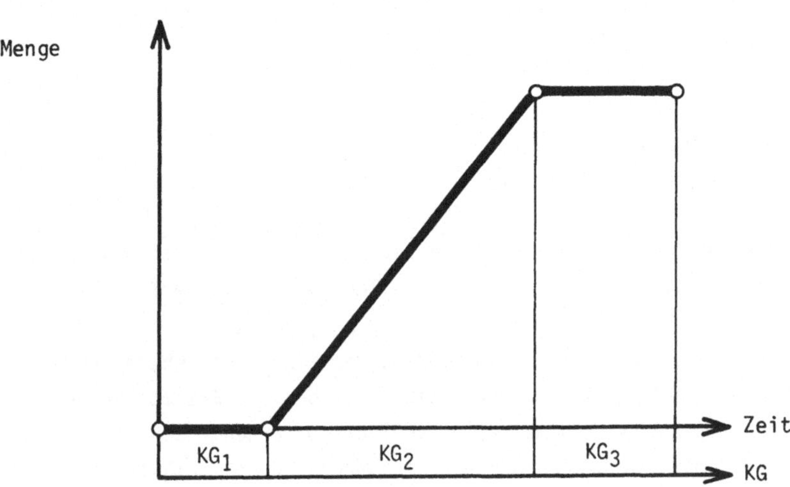

Aufteilung :

KG_1 und KG_3 d.h. also die Kosten für Bereitstellung und den Abbau in
    Einrichtungspauschale

KG_2 =   Betriebszeitkosten in den Einzelpositionen der Teilleistungen
    erfassen

Damit ist gewährleistet, daß bei einer Mengenänderung eine entstehungsgerechte abhängige Änderung der Gerätekosten eintritt. Für den Fall, daß eine so große Änderung der Menge eintritt, daß dadurch eine Änderung der Kapazitätsgrößen notwendig ist, kann entsprechend der VOB bei Änderungen $> 10 \%$ eine Änderung und damit Erfassung der Gesamtkostenänderung $\Delta \sum_{1}^{3} KG$ erfolgen.

8.10 KALKULATIONSSCHEMA

Die aufgrund der Arbeitsvorbereitung notwendigen Geräte werden in besonderen
Formularen, der G e r ä t e l i s t e , erfaßt.
Die Aufwendungen für

  Auf- und Abbau
  Vorhalten und Reparaturen
  Betriebsstoffkosten

werden in gesonderten Spalten ermittelt, da sie nach dem Kalkulationsschema
auch verschiedenen LV-Positionen und Kostenstellen zugeordnet werden müssen.

Als zweckmäßig hat es sich erwiesen, im Stadium der Einzelkostenberechnung
die 100 % -Werte der Geräteliste zu verwenden. Erst bei der Ermittlung des
Endzuschlages und der Angebotssumme netto, soll als Unternehmensentscheidung
im Hinblick auf die Marktsituation der Wert entsprechend den erläuterten
Grundlagen variiert werden.

Werden die Gerätekosten (A + V + R) in den Einzelpositionen erfaßt, ergibt
die ermittelte Summe für A + V + R in der Geräteliste eine gute Kontrolle,
ob bei der Ermittlung der Einzelkosten auch die Kosten in vollen Höhen erfaßt sind. Zu leicht werden bei den Einzelkosten betriebsbedingte Störungen,
wie z.B. Witterungseinflüsse, durch die spezifischen Werte der Leistungsannahme nicht voll erfaßt.

Die Differenz der Werte

  A + V + R in Gerätekosten
- A + V + R in Einzelkosten
  ____
  Restbetrag aus betriebsbedingten Einsatzzeiten

kann dann entweder, falls sie sich als richtig erweist, in der Position der
Einrichtung oder in den BGK mitberücksichtigt werden. Um zu genauen Ergeb-
nissen zu kommen, soll also die Zeitdisposition der Geräteliste möglichst
sorgfältig aufgestellt werden.

Stellung der Gerätekosten im Kalkulationsschema :

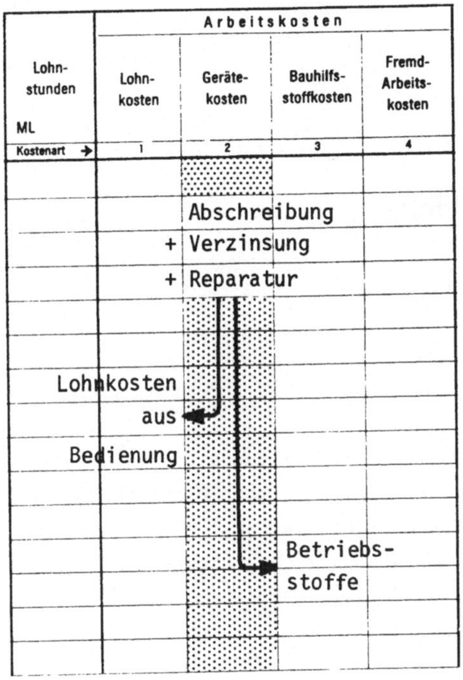
Arbeitskosten
Lohn-stunden
ML
Lohn-kosten
Geräte-kosten
Bauhilfs-stoffkosten
Fremd-Arbeits-kosten
Kostenart
1
2
3
4
Abschreibung
+ Verzinsung
+ Reparatur
Lohnkosten aus Bedienung
Betriebs-stoffe

9.FREMDLEISTUNG

9.1 DEFINITION

Unter Fremdleistung verstehen wir Leistungen, die für die Herstellung des
Gesamtobjektes erforderlich sind, die aber nicht in den Bereich der Eigen-
leistungen des Baustellenbetriebes fallen.
Insbesondere sind es Leistungen auf Spezialgebieten, wie z.B.

    Wasserhaltungsarbeiten
    Injektionsarbeiten
    Spezial-Tiefbauarbeiten u.s.w.

Im Hochbau sind es Leistungen, die z.B. in die Ausbaugewerke fallen.
Im übrigen kann jede Leistung, soweit die produktionstechnischen Voraussetzungen vorliegen, als Eigenleistung oder als Fremdleistung kalkuliert
werden. Die Entscheidung darüber obliegt dem Unternehmer.
Wirtschaftlichkeit, d.h. Preiswürdigkeit und Kapazitätsauslastungen können
dabei Entscheidungshilfen sein.

9.2 KALKULATIVE BEHANDLUNG DER FREMDLEISTUNG

Zur Erlangung von Preisangeboten für Fremdleistungen wird in der betrieblichen Organisation der Einkauf eingeschaltet. Die Höhe der Preisangebote
richtet sich nach der Marktsituation und unterliegt dem Gesetz von Angebot
und Nachfrage. Insoferne kann sich auch hier die zeitlich richtige Plazierung
von Anfragen günstig auf die Preissituation auswirken.

Bei der Beschreibung der anzubietenden Leistungen ist insbesondere darauf
zu achten, daß alle Bedingungen des Hauptleistungsverzeichnisses eingehal-
ten werden und daß ein sinnvoller Übergang im Grenzbereich zwischen Eigenleistung und Fremdleistung gewährleistet ist. Es ist aus diesem Grunde
zweckmäßig, der Beschreibung der Einzelleistung die vollständigen Vorbe-
merkungen zum Leistungsverzeichnis mitbeizulegen, insbesonders die
DIN-Normen bzw. Ö-Normen und die Ausschreibungsnormen (VOB). Die einge-
gangenen Preisangebote werden in einem Preisspiegel zusammengefaßt. Dabei
ist darauf zu achten, daß die G l e i c h w e r t i g k e i t der einge-
gangenen Angebote gewahrt wird. Unterschiedliche Leistungen sind preislich
anzugleichen.

Man stellt immer wieder fest, daß trotz gleicher Ausschreibungsunterlagen
von den Sub-Unternehmen verschieden definierte Leistungen angeboten werden.
Insbesondere im Bereich des schlüsselfertigen Ausbaues im Hochbau können   -
falls nicht gleichwertige Leistungen angeboten sind - gravierende Preis-
unterschiede auftreten.

Bei der Kalkulation der Fremdleistungen können nun grundsätzlich zwei Arten
unterschieden werden :

a. N i c h t s e l b s t ä n d i g e F r e m d l e i s t u n g e n :

Hier handelt es sich um Leistungen von Sub-Unternehmern, die notwendig
sind, um einen größeren Leistungsbereich, der zum Teil in Eigenleistung
hergestellt wird, zu vervollständigen (siehe dazu Seite 83 und 84) .

Bei dieser Art von Fremdleistungen ist von entscheidender Bedeutung, daß
die Grenzbereiche zwischen Eigenleistung und Fremdleistung keine Lücken
offenlassen. Bei nicht eindeutigen Definitionen in diesem Bereich kann es
sonst während der Bauarbeiten zu berechtigten Nachforderungen der Nachunternehmer kommen. Die der Entscheidung zugrunde gelegte Preisübersicht kann
sich dann als falsch erweisen.

Einen Sonderfall bei den Fremdleistungen stellen die Fremdlieferungen dar,
bei denen die Frage offen ist, ob es sich um Leistungen oder Stoffe handelt.

Als Beispiel dient die Überlegung über Beton.
Dieser kann sowohl als Eigenleistung - Stoff - oder aber als Fremd-
lieferung in die Gesamtproduktion mitaufgenommen werden.
Bezüglich der kostenmäßigen Entscheidungshilfen hat sich das B r e a k -
E v e n - P o i n t - System bewährt.

Dabei wird wie folgt vorgegangen :

Die Herstellung von Beton auf der Baustelle erzeugt folgende Kosten :

F i x k o s t e n   das sind Montage- und Demontagekosten
                                      der Anlage, Installation der Versorgungs-
                                      leitungen (Strom, Wasser) u.s.w.

z e i t a b h ä n g i g e   Geräte A + V + R
v a r i a b l e K o s t e n   Betriebs- und Betriebsstoffkosten

m e n g e n a b h ä n g i g e   Zuschlagstoffe, Zement
K o s t e n   Wasser , u.s.w.

Daraus kann bei einer zugrunde gelegten monatlichen Anlageleistung die
mengenabhängige Kostenkurve (lineare Abhängigkeit) aufgestellt werden .
Demgegenüber sind die Kosten der Fremdbetonlieferung reine mengenabhängige
Kosten, deren Kostenfunktion stetig linear ist, wenn man eine mengenbezogene
Rabattstaffelung vernachlässigt.

Der B r e a k - E v e n - P o i n t ist der Schnittpunkt beider Kosten-
funktionen. Man kann daraus anschaulich ableiten, bei welcher Menge und in
welchem Zeitraum die Eigenproduktion wirtschaftlich ist.
Dieses Verfahren kann man selbstverständlich für alle produktionsaufwand-
erzeugenden Lieferungen anstellen (Fertigteile) u.s.w.

Außerdem ist zu beachten, ob zur Vervollständigung der Fremdleistungen nicht
Teil-Eigenleistungen notwendig sind. Besonders häufig ist dies der Fall,
wenn man sich Erdarbeiten anbieten läßt. Die dafür auf dem Markt tätigen
Firmen führen sehr oft nur Maschinenarbeit aus, sodaß die immer anfallende
Handarbeit als Zusatz-Eigenleistung zur Fremdleistung angesetzt werden muß.
Dieser Anteil an Eigenleistung wird bei den kalkulativen Ansätzen sehr
leicht unterschätzt.

Zusätzliche Eigenleistungen treten auch im Brückenbau auf, wenn Lehrgerüst-
und Schalungsarbeiten an fremde Firmen übertragen werden. Hier ist insbesondere die Frage der Haftung und die Frage des Ansatzes der Schalungs-
wache während dem Betonierbetrieb besonders sorgfältig abzuklären.

Kostenvergleich :

Eigen - , Fremdherstellung

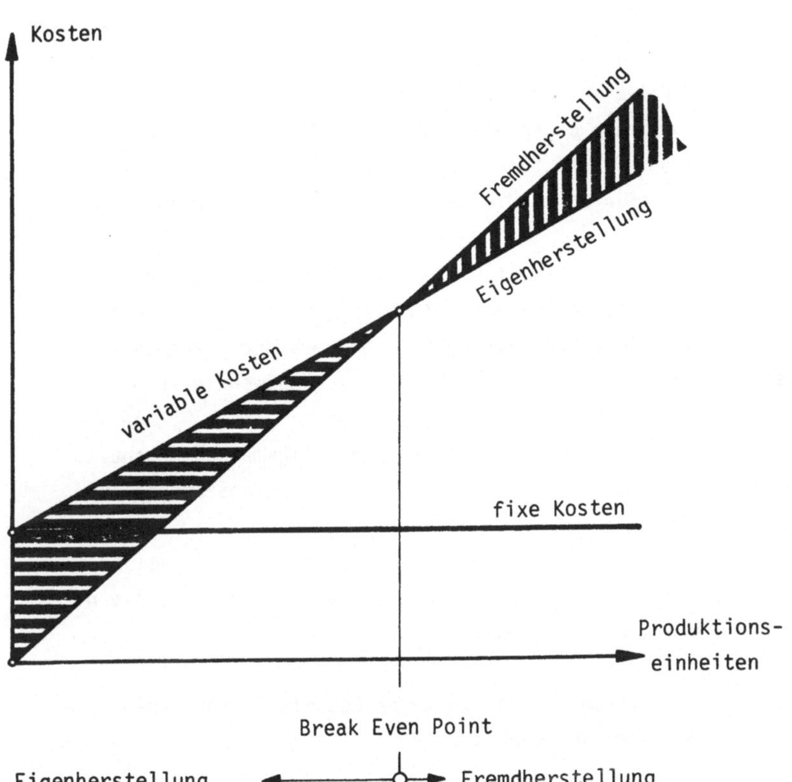

Folgende Kostenfaktoren sind besonders zu berücksichtigen :

E i n r i c h t u n g : Falls die Kosten für Einrichtung nicht in den
Positionen enthalten sind, muß der vom Nachunternehmer dafür geforderte
Betrag in der Kalkulation der Eigenleistung berücksichtigt werden. Ent-
weder also in der dafür vorgesehenen Position oder als Bestandteil der
Baustellengemeinkosten.

B a u s t e l l e n g e m e i n k o s t e n : Die Fremdangebote sind darauf
zu prüfen, ob sie Einfluß auf die Baustellengemeinkosten (BGK) nehmen, indem sie Leistungen, die darin enthalten sind, voraussetzen; z.B. besondere
Aufsicht, statische Nachweise oder Laboruntersuchungen.
Andererseits können auch die Eigenaufwendungen in den BGK vermindert werden, falls dort vorgesehene Leistungen durch den Nachunternehmer erbracht
werden und die Kosten dafür durch die Einzelpreise abgegolten sind.

A l l g e m e i n e   G e s c h ä f t s k o s t e n : Die Beaufschlagung
der Fremdleistung durch die Umlage der Allgemeinen Geschäftskosten (AGK)
ist kalkulativ erforderlich. Eine Variation gegenüber der Beaufschlagung
der Eigenleistung kann aber durchaus marktpolitisch notwendig sein.

Die Behandlung der Baustellengemeinkosten und der Allgemeinen Geschäftskosten im Bereiche dieser Fremdleistungen ist in der Anlage ebenfalls
näher erläutert.

b. F r e m d l e i s t u n g e n , die in sich   a b g e s c h l o s s e n e
   T e i l l e i s t u n g e n   beinhalten :

Hier handelt es sich um Leistungen, die in ihrer Gesamtheit von Sub-Unternehmern oder Nachunternehmern ausgeführt werden.

Die Frage der Gewährleistung und Haftung und die Frage der Grenzbereiche ist
hier einfacher zu klären. Ebenso die Frage der Umlage der Baustellengemeinkosten und der Allgemeinen Geschäftskosten.

Die kalkulative Behandlung dieser Art von Fremdleistungen wird in der Anlage
näher erläutert.

Fremdleistung a.
Nicht selbständige Teilleistungen

Anteil der Eigenherstellung nach den Grundsätzen der Einzelkosten kalkulieren

Fremdleistungsanteil nach Angeboten des Marktes, Optimierung nach Preisspiegel LV-Vorbemerkungen beachten

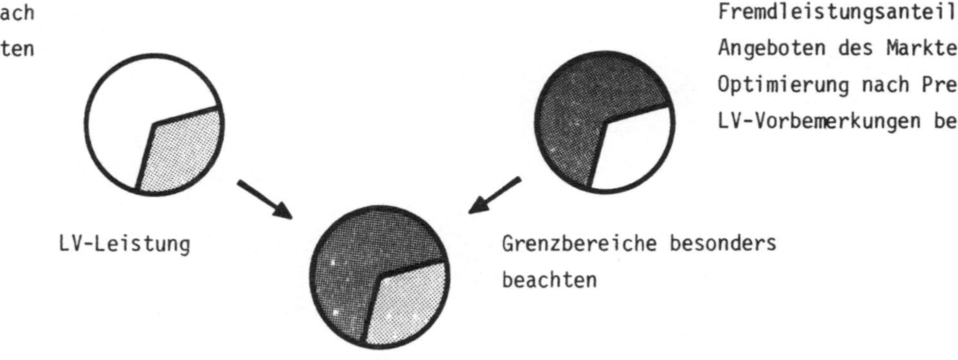

Einrichtung	Anteil Einrichtung für Fremdleistung in Position Einrichtung berücksichtigen oder in Teilleistungskosten enthalten.
B G K	Einfluß der Fremdleistung auf die Baustellengemeinkosten berücksichtigen
A G K	Einfluß der Fremdleistung auf die Allgemeinen Geschäftskosten berücksichtigen

Fremdleistung b.
Selbständige Teilleistungen

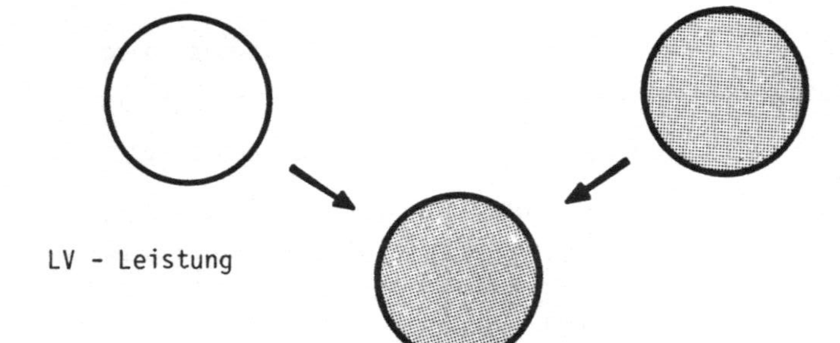

Einrichtung   wie unter a.
BGK   wie unter a.
AGK   wie unter a.

9.3 OPTIMIERUNG VON EIGEN- UND FREMDLEISTUNG

Häufig hat man nach Auftragserteilung die Entscheidung zu treffen, ob es
trotz der Kalkulation als Eigenleistung nicht sinnvoller ist, einen Fremd-
unternehmer für gewisse Teilbereiche einzusetzen. Selbstverständlich ist auch
die umgekehrte Entscheidung, daß kalkulierte Fremdleistungen als Eigenleistungen ausgeführt werden sollen, möglich. Hier werden nun bei der kostenmäßigen Gegenüberstellung häufig Gedankenfehler gemacht, die zu Fehlentscheidungen führen können.

Wesentlich ist dabei die Überlegung, welche Kosten miteinander zu vergleichen
sind. Wenn wir davon ausgehen, daß für die Eigenleistungen die Einheitspreise
des Leistungsverzeichnisses und für die Fremdleistungen die Einheitspreise des
Sub-Unternehmers vorliegen, dann muß darauf geachtet werden, daß bei den Eigenleistungen die Anteile für BGK und AGK vom Einheitspreis abzuziehen sind. In
welcher Größenordnung dies zu erfolgen hat, ergibt sich aus dem Endblatt einer
Kalkulation, aus dem die Faktoren für die einzelnen Kostenarten entnommen
werden können. Sicher ist dabei zu untersuchen, ob durch den Einsatz von Fremd-
unternehmen die in der Kalkulation festgelegte Größenordnung der Baustellengemeinkosten verändert wird. Dies kann z.B. durch den Einsatz von Führungsper-
sonal des Fremdunternehmers erfolgen, falls die Kosten dafür in den Einheitspreisen der Fremdunternehmerleistung abgegolten sind.

Fremdleistung
Vergleichbare Optimierung
zwischen Eigenkosten + Fremdkosten

Eigenkosten im LV-Preis

Angebotspreis der Fremdleistung

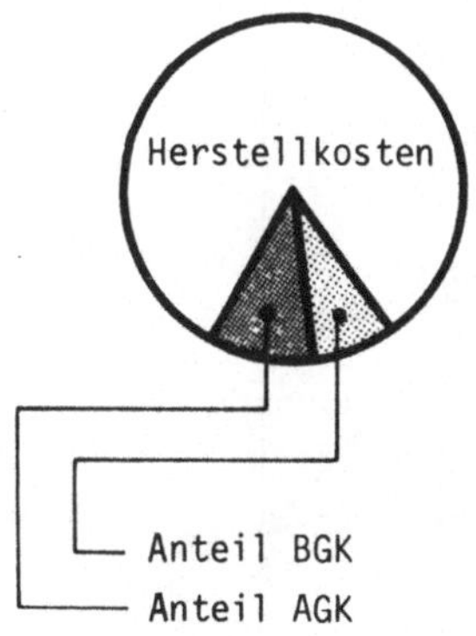

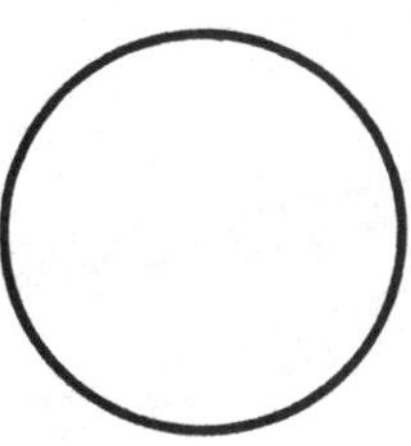

9.4 TERMINE

Neben der preislich kalkulativen Behandlung ist es bei dem Einsatz von Fremdleistungen unbedingt erforderlich, daß mit der Preisfestlegung der terminliche
Ablauf und der Kapazitätseinsatz geregelt wird. Nur wenn darüber auf beiden
Seiten eindeutige Klarheit herrscht, kann man damit rechnen, daß ein reibungs-
loser Ablauf unter Einhaltung der angebotenen kalkulativen Preisvorstellungen
gewährleistet ist.

Die betriebsinterne Arbeitsvorbereitung hat dabei folgende Punkte zu klären :

  Begrenzung des terminlichen Ablaufes der Fremdleistung. Dabei ist es wichtig, daß auch die möglichen Pufferzeiten für die Ausführung angegeben werden.

  Festlegung der erforderlichen Mindestkapazitäten in Form von Tages-, Wochen-
  oder Monatsleistungen. Die minimale zeitliche Annäherung an die erforderlichen Vorleistungen in Form von Fremdleistungen oder Eigenleistungen ist
  ebenfalls festzulegen, damit die Fremdleistung auch eine obere Begrenzung erhält.

Zeitliche Begrenzung der Fremdleistung :

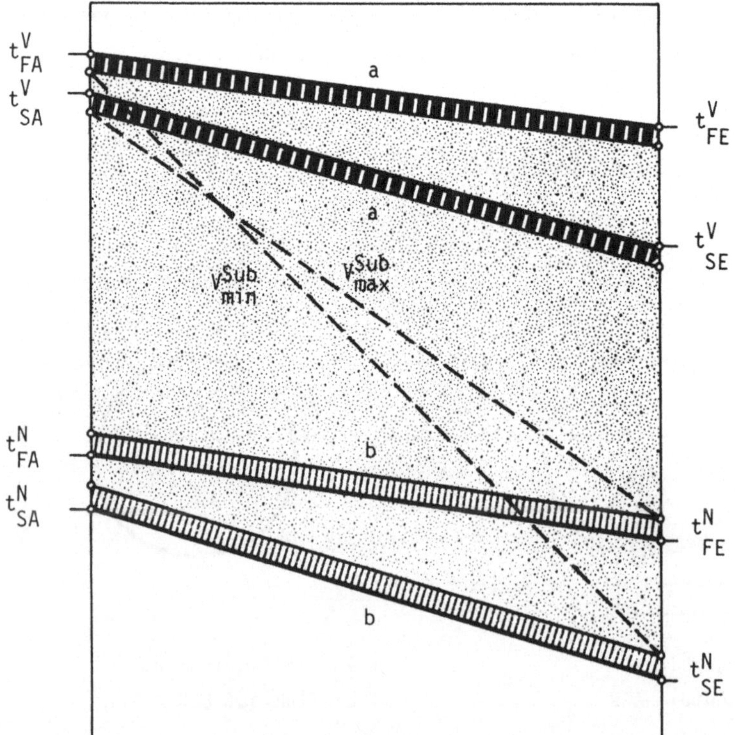

Erläuterung :

$$t^V_{FA} \quad = \quad \text{Frühester Anfangszeitpunkt der Vorleistung}$$

$$t^V_{SA} \quad = \quad \text{Spätester Anfangszeitpunkt der Vorleistung}$$

$$t^V_{FE} \quad = \quad \text{Frühestes Ende der Vorleistung}$$

$$t^V_{SE} \quad = \quad \text{Spätestes Ende der Vorleistung}$$

$$t^N_{FA} \quad = \quad \text{Frühester Anfang der Nachleistung}$$

$$t^N_{SA} \quad = \quad \text{Spätester Anfang der Nachleistung}$$

$$t^N_{FE} \quad = \quad \text{Frühestes Ende der Nachleistung}$$

$$t^N_{SE} \quad = \quad \text{Spätestes Ende der Nachleistung}$$

a = Zeitliche Annäherung an die Vorleistung

b = Zeitliche Annäherung an die Nachleistung

Der maximale Zeitbedarf für die Sub-Unternehmerleistung ergibt sich zu

$$t^V_{FA} + a \quad \text{bis} \quad t^N_{SE} - b$$

vom Frühesten Anfangszeitpunkt der Vorleistung
plus die Zeitliche Annäherung a
bis zum Spätesten Ende der Nachleistung
vermindert um die Zeitliche Annäherung b .

10. SONDERFALL DER EINZELKOSTEN-BERECHNUNG

Nach der Literatur ist es nicht eindeutig definiert, ob die Einrichtung Bestandteil der Einzelkosten ist oder ob sie zu den Baustellengemeinkosten gerechnet werden soll. Abhängig ist die Definition von der Art der Ausschreibung. Falls in der Ausschreibung eine Position für die Baustelleneinrichtung enthalten ist, ist sie selbstverständlich Bestandteil der Einzelkostenberechnung. Nur, wenn eine solche Position nicht vorgesehen ist, wird sie bei den BGK als besonderer Bestandteil erfaßt.

Die Ermittlung der Kosten für die Baustelleneinrichtung erfolgt nach den Grundsätzen der Einzelkostenberechnung. Hier ist wieder folgender Punkt strittig : Sollen die Gerätekosten und hier insbesondere die Vorhaltekosten, die Betriebsstoffkosten und die Bedienungskosten in die Einrichtung mitgerechnet werden oder sind sie Bestand der Positionen, denen sie vom Betriebe her gesehen, zuzuordnen sind. Nachstehender Grundsatz, der auch unter der Berechnung der Gerätekosten erläutert ist, scheint mir richtig :

Ausgangspunkt ist die Überlegung, daß die Kosten dort zu berechnen sind, wo sie anfallen, d.h. also, daß die Vorhaltung, der Betrieb und die Stoffkosten - die leistungs- oder mengenabhängig sind - in die Position der Einzelkosten der Teilleistungen mitaufzunehmen sind. Nur diejenigen Anteile der Gerätekosten, die leistungsunabhängig sind und die als Quasi-Fixkosten betrachtet werden können, - d.s. die Transporte, der Aufbau, das Umsetzen - sind echter Bestandteil der Einrichtung. Begründet wird das damit, daß die Einrichtungsposition als Pauschale angesetzt wird und in den meisten Fällen keine Änderungsmöglichkeit der Ansätze bei Änderung der Mengen der übrigen Teilleistungen hat.

Da für die Einrichtung in den meisten Fällen bei den Ausschreibungen keine Leistungsbeschreibung vorgesehen ist, tut man gut daran, sich eine Check-Liste anzulegen, nach der alle anfallenden Leistungen gerechnet werden können. Nachfolgendes Schema hat sich als günstig erwiesen.

Schema zur Ermittlung der Einrichtungskosten (Check-Liste) :

1. Geräte
   Verladekosten und Fracht
   Sondertransporte
   Auf-, Ab- und Umbau der Geräte

2. Bauhilfsstoffe
   Schalungs- und Rüstungsmaterial
   An- und Abtransport

3. Baracken, Baubuden, Bauwagen, Container
   Verladekosten und Fracht
   Auf- und Abbau
   Installation (Heizung, Wasser, Abwasser, Elektro)

4. Versorgungsanlagen
   Auf- und Abbauen
   Baustromanschluß und Installation,eventuell Transformatorenstation
   Baustromverteiler und Leitungen
   Bauwasseranschluß und Wasserleitungen
   Telefon und sonstige Anschlüsse

5. Baugelände erschließen und freimachen
   Bauzaun
   Verkehrssicherung
   Baustraßen und Hilfsbrücken
   Pacht und Entschädigung
   Schlußinstandsetzungen

6. Mischanlage

7. Eisenbiegeplatz

8. Zimmereiplatz

9. Lagerplätze

10. Arbeits- und Schutzgerüste

11. Baureinigung

12. Verbrauchsgeräte

13. Besondere Anlagen
14. Vorhaltekosten
    soweit nicht in Einzelkosten enthalten

Diese Check-Liste kann ergänzt werden durch die sehr detaillierte Aufgliederung
der Kosten für die Baustelleneinrichtung, die in den Kalkulationsformularen
der Firma Strabag ausgeführt werden :

1. Geräte
   Verladekosten und Fracht
   Tiefladertransporte
   Auf-, Ab- und Umbau der Geräte

2. Bauhilfsstoffe
   Schalungs- und Rüstungsmaterial
   Verladekosten und Fracht

3. Baracken, Baubuden, Bauwaren
   Verladekosten und Fracht
   Auf- und Abbau einschließlich Planung, Unterbau und Pappeindeckung
   Installation der Baracke
   Heizung, Wasser, Abwasser, Elektro

4. Auf- und Abbau der Versorgungsanlagen
   Baustromanschluß und elektrische Installation
   Transformatorenstation
   Baustromverteiler und Leitungen
   Bauwasseranschluß und Wasserleitungen
   Bautelefonanschluß, Fernschreiber, Sprechfunk
   sonstige Versorgungsanlagen wie z.B. Druckluft o.ä.

5. Baugelände erschließen und sichern
   Freimachen des Baufeldes
   Bauzaun
   Verkehrssicherung (Absperrung und Beschilderung)
   Baustraßen und Baubrücken
   Geländepacht und Entschädigung
   Schlußreinigung
   Wiederherstellung als Zufahrt benützter öffentlicher Straßen

6. Mischanlagen und Zuschlagstoffe
   Verladekosten und Fracht
   Auf- und Abbau

7. Eisenbiegeplatz

8. Zimmereiplatz

9. Lagerplätze

10. Arbeits- und Schutzgerüste, soweit sie nicht in den Einzelkosten ent-
    halten sind,
    Verladekosten und Fracht
    Auf- und Abbau
    Baureinigung
    Verbrauchsgeräte und Baustellenausrüstung
    Kleingeräte, Werkzeuge, Büroeinrichtungen
    - Vorsicht -
    Besondere Anlagen :
     Vorhaltekosten
     Geräte
     Gerätebedienung
     Betriebsstoffe
     Abschreibung und Verzinsung
     Reparaturkosten

Der kalkulative Vorgang wird anhand folgender Verfahrensschemas nochmals
näher erläutert.

Einzelkosten-Ermittlung (Ingenieurbau)

Pos.	Menge	ME	Leistungsbeschreibung BAS	Lohn-stunden ML	Arbeitskosten				Baustoff-kosten	NU-Kosten	Baustellen-Ausstattg. — Sonstige Baukosten	HERSTELL-EINZEL-KOSTEN	Umlage	Einheits-preis	Insgesamt
			Titel: Baustelleneinrichtung und Räumung		Lohn-kosten	Geräte-kosten	Bauhilfs-stoffkosten	Fremd-Arbeits-kosten							
			Kostenart →		1	2	3	4	5	6	7 + 8	∑ 1 – 8			
1			Geräte												
			Verladekosten und Fracht												
			von nach												
			Tiefladertransporte												
			Auf-, Ab- und Umbau												
2			Bauhilfsstoffe												
			Schalungs-u.Rüstungsmat.												
			Verladekosten und Fracht												
3			Baracken,Baubuden,Bauwagen												
			Verladekosten und Fracht												
			Auf- und Abbau (einschl.												
			Planum,Unterbau,Pappeind.)												
			Installationen (Heizung,												
			Wasser,Abwasser,Elektro)												
4			Auf- und Abbau der Ver-												
			sorgungsanlagen												
			Baustromanschluß und												
			elektr.Installationen												

Einzelkosten-Ermittlung (Ingenieurbau)

E

Titel: ....

Pos.	Menge	ME	Leistungsbeschreibung　　　　BAS	Lohn-stunden ML	Arbeitskosten				Baustoff-kosten	NU-Kosten	Baustellen-Ausstattg. Sonstige Baukosten	HERSTELL-EINZEL-KOSTEN	Umlage	Einheits-preis	Insgesamt
					Lohn-kosten	Geräte-kosten	Bauhilfs-stoffkosten	Fremd-Arbeits-kosten							
				Kostenart →	1	2	3	4	5	6	7 + 8	Σ 1 – 8			
			Transformatorenstation												
			Baustromverteiler und Leitungen												
			Bauwasseranschluß und Wasserleitungen												
			Bautelefonanschluß, Fernschreiber, Sprechfunk												
			Sonstige Versorgungsanlagen (Druckluft o.ä.)												
5			Baugelände erschließen und sichern												
			Freimachen des Baufeldes												
			Bauzaun												
			Verkehrssicherung (Absperrung u. Beschilderung)												
			Baustraßen- und brücken												

Einzelkosten-Ermittlung (Ingenieurbau)

Pos.	Menge	ME	Leistungsbeschreibung	BAS	Lohn-stunden ML	Arbeitskosten				Baustoff-kosten	NU-Kosten	Baustellen-Ausstattg. Sonstige Baukosten	HERSTELL-EINZEL-KOSTEN	Umlage	Einheits-preis	Insgesamt
						Lohn-kosten	Geräte-kosten	Bauhilfs-stoffkosten	Fremd-Arbeits-kosten							
					Kostenart →	1	2	3	4	5	6	7 + 8	Σ 1 – 8			
			Geländepacht und Entschä-digungen													
			Schlußreinigung													
			Wiederherstellung als Zu-fahrt benutzter öffentl. Straßen													
6			Mischanlage und Zuschlags-stofflager													
			Verladekosten und Fracht													
			Auf- und Abbau													
7			Eisenbiegeplatz													
8			Zimmererplatz													
9			Lagerplätze													
10			Arbeits- u.Schutzgerüste													
			Verladekosten und Fracht													

Form 11·554 Bis je 50 Bis CLW

Dieses Papier ist lichtpausfähig

Einzelkosten-Ermittlung (Ingenieurbau)

Pos.	Menge	ME	Leistungsbeschreibung	BAS	Lohn-stunden ML	Arbeitskosten				Baustoff-kosten	NU-Kosten	Baustellen-Ausstattg. / Sonstige Baukosten	HERSTELL-EINZEL-KOSTEN	Umlage	Einheits-preis	Insgesamt
						Lohn-kosten	Geräte-kosten	Bauhilfs-stoffkosten	Fremd-Arbeits-kosten							
					Kostenart →	1	2	3	4	5	6	7 + 8	Σ 1 – 8			
			Auf- und Abbau													
11			Baureinigung (Hochbau)													
12			Verbrauchsgerät und Bau-stellenausrüstung (Klein-gerät,Werkzeuge,Büroeinr.)													
13			Besondere Anlagen													

Dieses Papier ist lichtpausfähig

Form 11·554 Blk. je 50 Bk. Cl.W.

11. KOSTEN OHNE BEAUFSCHLAGUNG

Fast in jedem Leistungsverzeichnis werden vom Bauherrn Kosten-Positionen angeführt, die bei der Kalkulation eine Sonderstellung insoferne einnehmen,
als sie ohne Beaufschlagung durch Baustellengemeinkosten oder Allgemeine Geschäftskosten errechnet werden.

Wir unterscheiden folgende Gruppen :

a. Eine Beaufschlagung der Nettopreise ist nach der Baupreisverordnung nicht
   zulässig, z.B. Lohnnebenkosten.

b. Eine Beaufschlagung ist durch Verordnung limitiert. Durch die Limitierung
   des Zuschlages sind alle Kosten für Baustellengemeinkosten, Allgemeine
   Geschäftskosten, Kleingerät und Werkzeug u.s.w., abgegolten. Dies gilt
   insbesondere bei Regiearbeiten.

c. Eine Beaufschlagung der BGK erscheint aus kalkulatorischen Gründen nicht
   sinnvoll, z.B. Arbeiten auf besondere Anordnung.

Die kalkulatorischen Überlegungen zu den einzelnen Gruppen werden näher erläutert :

Z u a. :
Bei den Lohnnebenkosten ist nach den Ausführungen der Baupreisverordnung eine
Beaufschlagung nicht zulässig. Da im übrigen die Höhe der ausgewiesenen Lohn-
nebenkosten oft dem Wettbewerb unterstellt wird, ist die Höhe der Kosten dem
Unternehmer freigestellt.

Es ist sicher nicht erforderlich, die Lohnnebenkosten mit den BGK-Werten zu
beaufschlagen. Dies ist aber eine reine kalkulationstechnische Entscheidung.
Ob die Lohnnebenkosten AGK enthalten sollen, hängt davon ab, wie die umsatzbezogenen Werte für AGK ermittelt werden.
Sind im Basis-Umsatz die Lohnnebenkosten nicht enthalten, so ist die Handhabung eindeutig.

Z u b. :
Insbesondere bei Regiearbeiten für öffentliche Auftraggeber ist der Zuschlag
auf den Tariflohn limitiert. Die Wettbewerbsfreiheit kann sich also nur in
den zulässigen Grenzbereichen bewegen. Mit diesem Zuschlag sind auch die
Kosten für BGK und AGK abgegolten. Wegen der limitierten Höhe des Zuschlages
ist es kalkulatorisch wichtig, die BGK nicht auf die Regieleistungen umzulegen, da

die Höhe der tatsächlich anfallenden Regiekosten bei Angebotsabgabe nicht
feststeht und

die limitierten Zuschläge dann mehr Kostenabgeltung für alle übrigen Kosten
enthalten.

Z u c. :
Eine besondere Gruppe stellen die Kosten dar, die auf besondere Anordnung des
Bauherrn zur Ausführung kommen. Sie können von der Summe her einen beachtlichen Anteil ausmachen und das Preisgefüge der Kalkulation empfindlich beeinflussen. Da ihr Wertanteil am Umsatz bei der Kalkulation nicht bekannt ist,
können diese Kosten auch keinen Real-Anteil der BGK aufnehmen.
Die Positionen oder Leistungen, die nur auf besondere Anordnung des Bauherrn
ausgeführt werden, unterliegen also auch nicht der Beschränkung der Massen-
änderung von $\pm$ 10 % der Menge, wie dies für den Normalfall in der VOB vorgesehen ist.
Folgende Handhabung der BGK erscheint daher sinnvoll :

Die objektbezogenen BGK werden auf die Leistungen ohne Berücksichtigung
des Leistungsanteiles der Positionen auf besondere Anordnung umgelegt. Die
lohnabhängigen BGK sind in dieser Hinsicht als mengenabhängige Kosten zu
betrachten und werden in der erforderlichen Höhe auch bei den besonders
anzuordnenden Leistungen berücksichtigt. Sie fallen, lohnabhängig, ja bei
der Ausführung dieser Leistungen auf jeden Fall an.

Weiterhin sind Überlegungen anzustellen, ob bei der Ausführung der Positionen auf besondere Anordnung zusätzliche Leistungen im Bereich der BGK anfallen. Diese sind dann ebenfalls besonders zu berücksichtigen. Schwierigkeiten treten nur dann auf, falls BGK auftreten, die einen Fix-Kosten-ähnlichen Charakter aufweisen. Ihre Größe ist unabhängig von der Menge der ausgeführten Leistungen und fällt schon als Voraussetzung für die Sonderleistung an.

Die kalkulative Handhabung hängt hier von marktpolitischen Überlegungen ab:

Man schätzt die Bauobjekt-abhängige Menge der Leistungen ab und bezieht die Umlage auf diese Menge.

Man berücksichtigt diese BGK in der Einrichtung, wobei man Gefahr läuft, durch die zusätzlichen Kosten, die nicht unbedingt anfallen, die Wettbewerbschancen zu vermindern.

Man kann durch Änderung der Verfahrenstechnik ein System wählen, bei dem die fixen BGK nicht anfallen.

Die Beaufschlagung mit AGK ist eindeutig. Bei Anfall der Positionen treten Umsätze auf, die zur Bemessungsgrundlage der AGK hinzugezählt werden können.

12. BAUSTELLENGEMEINKOSTEN

Nach dem Grundschema der Kalkulation über den Endpreis ermitteln sich die
Herstellkosten aus zwei kalkulativ getrennt zu erfassenden Kostenbereichen.

1	Einzelkosten der Teilleistungen
2	Baustellengemeinkosten (BGK)
1 + 2	Herstellkosten

Die Herstellkosten eines Objektes stellen die kalkulative Grundlage aller
Angebote dar. Diese Grundlage muß als Ausgangspunkt aller angebotsstrate-
gischen Planungen absolut kostengerecht sein. Spekulationen über die Einzelkosten sowie Auswirkungen der wechselnden Marktsituation dürfen dabei
nicht in Ansatz gebracht werden.
Von der Angebotsstrategie her ist nichts unangenehmer, als wenn die Ange-
botsdispositionen im Bereich der AGK ohne Wissen der Geschäftsleitung bereits
bei den Herstellkosten vorweg genommen worden sind.
Fehldispositionen und Fehlangebote sind die Folgen, die oft zu erheblich
monetären Verlusten und in Rezessionsphasen zu Unterangeboten führen können.

Kalkulationsphasen	Einflußphasen
1. Einzelkosten der Teilleistungen 2. Baustellengemeinkosten 　　1+2 Herstellkosten	Kostenechter Kalkulationsbereich Nur verfahrens- und produktionsab- hängige Kosteneinflüsse
3. Allgemeine Geschäftskosten 　　1+2+3 Selbstkosten 4. Gewinnzuschläge 　　1+2+3+4 Angebotssumme netto	Bereich der Angebotsstrategie Kosteneinflüsse aus : Marktsituation Geschäftslage Unternehmenspolitik

Besondere Sorgfalt ist daher bei der Kalkulation des Sachgebietes der Baustellengemeinkosten notwendig, da die BGK oder Bauregie nicht in allen
Leistungsverzeichnissen als besondere Position ausgewiesen werden. In vielen
Fällen ist es notwendig, daß diese BGK auf die übrigen Einzelkosten, d.h.
auf die Positionen des Leistungsverzeichnisses umgelegt werden. Die Schwierigkeit besteht nicht nur darin, die Kostengröße kalkulativ eindeutig zu
erfassen. Sie besteht auch darin, sie so im Angebot unterzubringen, daß bei
Durchführung des Bauobjektes eine kostengerechte Berücksichtigung der BGK
gewährleistet ist.

Es ist ein besonderes Merkmal des Baubetriebes, daß während der Durchführung
mit Produktionsmengenverschiebungen zu rechnen ist. Damit können sich größere
Veränderungen in der Bonität der Angebote ergeben, die bei Vorliegen der Angebotssumme nicht eindeutig zu erkennen sind. Es können dem Unternehmer
durch diese Änderung erhebliche Einbußen an den BGK entstehen.

Falls die Mengenänderungen größer als 10 % sind, sieht die VOB für diesen
Fall eine Preisänderung vor. Die Erfahrung hat jedoch gezeigt, daß Auftraggeber diese Vereinbarung außer Kraft setzen können oder die Prozentsätze der
Änderung, die zu einer Preisänderung führen können, erheblich erhöhen ;
andererseits lassen die einschränkenden Bestimmungen der VOB es oft nicht zu,
die echte Kostenverschiebung in Ansatz zu bringen.

Es sind deshalb sowohl Auftraggeber als auch die Auftragnehmer daran interes-
siert, daß in der Kalkulation eine möglichst transparente und kostengerechte Umlage der BGK erfolgt. Auch die Ausweisung der BGK als besondere Position im Leistungsverzeichnis wird dann dem Änderungsumstande nicht gerecht,
wenn diese Position als Pauschale ausgewiesen wird. Es sollte eine Trennung
der Position in einen pauschalen Anteil für die baustellenbezogenen Fix-
Gemeinkosten, eine weitere Position für die veränderlichen BGK nach der Zeit
und eine weitere Position für die veränderlichen BGK nach der Menge vorgesehen werden. Eine eindeutige Definition, welche Ausschreibungsmodalität der
echten Kostensituation am gerechtesten wird, ist aber nur dann möglich, wenn
auch über den Begriff der BGK eine eindeutige Klarheit herrscht.

12.1 BEGRIFF DER BAUSTELLENGEMEINKOSTEN

Die Ermittlung der Einzelkosten in der Kalkulation erfaßt alle jene Kosten,
die notwendig sind, um die in den Leistungspositionen beschriebenen Teilleistungen herzustellen und zu liefern. In den Einzelkosten sind nicht jene
Kosten enthalten, die notwendig sind, um einen Betrieb auf der Baustelle
einzurichten und aufrecht zu erhalten, damit diese Teilleistungen überhaupt
erbracht werden können. Diese nicht den einzelnen Teilleistungen zugeordneten
Kostenfaktoren werden als die Baustellengemeinkosten (BGK) definiert. Die
Schwierigkeit liegt nun darin, daß die Leistungen, die zu diesem Begriff gehören, nicht eindeutig abgegrenzt werden können. Auch aus der Literatur ist
der Bereich der BGK nicht eindeutig zu definieren.

Naschold - Prange machen dazu folgende Angaben :

" Die Gemeinkosten der Baustelle umfassen
Gerätekosten
Baustelleneinrichtung
Betriebskosten besonderer Anlagen
Nebenstoffe und Nebenfrachten
Allgemeine Baukosten
Soziale Aufwendungen
Lohnnebenkosten
und Sonderkosten . "

Der Bundesarbeitskreis für Kosten- und Leistungsrechnungs-Richtlinien hat
mit dem Protokoll vom 29.6.1967 die Kosten wie folgt definiert :

" Zu den Einzelkosten gehören die

A r b e i t s k o s t e n , welche sich aus Baustellenlöhnen, Gehältern,
Sozialaufwendungen, Lohnnebenkosten und sonstigen lohnbezogenen Kosten
nach Wahl, wie z.B. Kleingeräte, Werkzeuge, Nebenstoffe und Nebenfrachten ,
zusammensetzen ;

G e r ä t e k o s t e n , das sind Kosten der Bau- und Betriebsstoffe,
des Stahl- und Gerüstmaterials und Kosten der Nachunternehmenleistungen .

Dabei werden die Gemeinkosten definiert als " Sämtliche übrigen Kosten der
Baustelle, soweit sie nicht in den Einzelkosten enthalten sind ". "

Man sieht also, daß hier durchaus unterschiedliche Auffassungen bestehen.
Aus Erfahrung könnte die Definition der BGK wie folgt ergänzt werden (Drees) :

In die Baustellengemeinkosten sind einzurechnen :

Kosten der Baustelleneinrichtung
Betriebskosten besonderer Anlagen
Nebenstoffe und Nebenfrachten
Allgemeine Baukosten
Gehälter und Gehaltsnebenkosten
Gehälter und Gehaltsnebenkosten für Poliere
Sozialaufwendungen
Lohnnebenkosten
Sonderkosten .

Die Firma Strabag hat in ihren Unterlagen, die als Hilfsmittel für die Ermittlung der Gemeinkosten, für die Vorkalkulation und Arbeitskalkulation ,
dienen, eine sehr umfassende Kontierung der Kostenstellen für die Baustellengemeinkosten angelegt.

Die folgende Liste ist mehr als eine Check-Liste zu betrachten, um alle möglichen Kosten zu erfassen, ohne daß man daraus ableiten sollte, daß für jede
Baustelle die dort aufgeführten Kosten anfallen und in die BGK einzurechnen
sind.

94 ZEITABH. BAUSTELLEN-GEMEINKOSTEN	95 ANDERE BAUSTELLEN-GEMEINKOSTEN	96 BESONDERE BAUSTELLEN - RISIKEN
Bewertung nach Zeit	individuelle Bewertung	
94.1 Gehaltskosten	95.1 Akquisition, Kalkulation, Vorkosten	96.1 Risiko aus Witterung, Hoch- und Niedrigwasser
94.2 Aufsichtskosten	95.2 Technische Bearbeitung	96.2 Risiko Personalkostenerhöhung
94.3 Gemeinkostenlöhne	95.3 Arbeitsvorbereitung	96.3 Risiko Materialpreisveränderung
94.4 Büro- und Baracken-Vorhaltung und -Instandhaltung	95.4 Vermessung und Abrechnung	96.4 Risiko Termin-Überschreitung
94.5 Büro- und Baracken-Ausstattung und laufende Kosten	95.5 Labor- und Bodenuntersuchung	96.5 Risiko Massenbindung
94.6 Kleingeräte und Werkzeuge sowie laufende Kosten	95.6 Federführung und ähnliche Pauschalen	96.6 Risiko aus arbeitstechnisch noch nicht gelösten Problemen
94.7 PKW- und Lieferwagen-Kosten	95.7 Bauzinsen	96.7 Risiko
94.8 Allg.Baustellenkosten	95.8 Gewährleistung	96.8 Risiko
94.9 Rechts-, Beratungs-, Finanzierungs- und Versicherungskosten	95.9 Andere Baustellen-Gemeinkosten	96.9 Andere Risiken

Um im Zuge einer Kalkulation eine umfassende Übersicht über die BGK zu erhalten, kann es von Vorteil sein, die Kosten ihrer Entstehung nach in Gruppen zusammenzufassen. Das beigefügte Schema kann als Anleitung dienen.

Wichtig ist ja gerade für diese Kostengruppe, daß man für jedes Objekt einen Nachweis über die objektbezogene Entstehung dieser Kosten führen kann. Nicht zu vermeidende mengen- und zeitbezogene Änderungen eines Objektes während der Bauzeit können dann gut nachweisbar ermittelt werden. Dies kann in der vertraglich-monetären Abwicklung von entscheidender Bedeutung sein.
Wenn man darüberhinaus davon ausgeht, daß die Kalkulation für ein Objekt bei Vertragsabschluß hinterlegt wird, dann führt die Übersichtlichkeit der Kostenermittlung zu einer Vereinfachung des Verhältnisses zwischen Auftraggeber und Auftragnehmer.

Zu den einzelnen Kostengruppen der so definierten Baustellengemeinkosten können folgende Überlegungen angestellt werden :

12.1.1 Gerätekosten

Unabhängig davon, ob man die Gerätekosten in die Baustellengemeinkosten oder in die Einzelkosten miteinrechnen soll, ist Voraussetzung zur Erfassung, daß diese Kosten nach den Richtlinien, die in dem Kapitel Gerätekosten aufgestellt sind, kalkuliert werden. Die dort angeführten Varianten zeigen,welche Vor- und Nachteile bei der Zuordnung der Geräte zu den einzelnen Kostenarten entstehen.

Es sollte hier der Grundsatz aufrecht erhalten werden, daß die Kosten den Kostenträgern zuzuordnen sind, bei denen sie entstehen, und das ist ja in diesem Falle der Einzelkostenbereich und nicht der Bereich der BGK. In Ergänzung zu diesem ist es auch sinnvoll, die Betriebskosten als Bestandteil der Gerätekosten den Einzelkosten zuzuordnen. Der primäre Charakter der Mengenabhängigkeit bei den Betriebskosten läßt eine solche Zuordnung richtig erscheinen.

12.1.2 Kosten der Betriebs- und Baustellenausstattung

Unter diesem Begriff wird bei Opitz folgendes definiert :

" Zu den Baustellen- und Betriebsausstattungen gehören alle Anlagen, Baulichkeiten, Vorrichtungen und Ausrüstungen, die vorbereitend für den Gesamtbau und einzelne Teilleistungen erstellt und gestellt werden müssen,
mit Ausnahme der Geräte ".

Eine ähnliche Definition finden wir bei Naschold - Prange :

" Baustelleneinrichtung umfaßt die Kosten aller Anlagen, Baulichkeiten,
Vorrichtungen und Ausrüstungen, die vorbereitend für den Gesamtbau oder
einzelne Teilleistungen erstellt oder gestellt werden müssen ".

In den Leistungsverzeichnissen ist die Baustelleneinrichtung jedoch häufig
als einzelne Position ausgewiesen und sie wurde deshalb auch in einem gesonderten Kapitel behandelt, ohne daß damit im einzelnen festgelegt ist, welchen
Kostengruppen die Einrichtung zuzurechnen ist. Falls keine eigene Position
vorhanden ist, besteht ja nur die Möglichkeit, sie über den Bereich der BGK
als Umlage auf die Einzelkosten zu erfassen, wobei selbstverständlich die
gleichen Schwierigkeiten auftreten, die für diese Gruppe symptomatisch sind.
Änderungen des Leistungsverzeichnisses im Mengenansatz führen zu einer nicht
kostenechten Verschiebung der Kosten für die Einrichtung.

12.1.3 Betriebskosten besonderer Anlagen

Unter diesem Begriff versteht man solche Anlagen, die nicht zu den üblichen
Baustelleneinrichtungen gezählt werden können, wie z.B. Kiesaufbereitungen,
Brechanlagen, Baukraftwerke, Pumpstationen für die Wasserversorgung und Um-
schlaganlagen größeren Umfanges für Baustoffe.

Nach der Literatur (Naschold - Prange und Opitz) wird die Meinung vertreten,
daß nur die Betriebslöhnekosten und Betriebsstoffkosten, die von diesen Anlagen verursacht werden, den Einzelkosten zuzurechnen sind. Dieser Definition kann nur bedingt zugestimmt werden und zwar nur dann, wenn für die Baustelleneinrichtung keine einzelne Position im Leistungsverzeichnis ausgewiesen ist. Ist eine solche Position vorhanden, dann ist nach der Definition
einer Baustelleneinrichtung - die alle Anlagen umfassen soll, die zur

Herstellung der Einzelleistungen notwendig sind - der Schluß berechtigt, daß
dazu dann auch die besonderen Anlagen gehören.

Wenn wir hier wiederum davon ausgehen, daß die Kosten aus Fixkosten, zeit-
abhängigen Kosten und mengenabhängigen Kosten bestehen, ist eine Zuordnung
der beim Betrieb dieser Anlagen entstehenden Lohn- und Betriebsstoffkosten
zu den Einzelleistungen gerechtfertigt und sinnvoll. Diese Kosten sind direkt
proportional der Menge der Einzelleistungen. Die Fixkosten, die hauptsächlich
aus dem Auf- und Abbau der Anlage entstehen, sind zweckmäßig unter dem Pauschal-
kostenansatz für die Einrichtung mitaufzunehmen.

Besonders sorgfältig ist zu klären, wohin die Vorhalte- und Reparaturkosten
solcher Anlagen zu rechnen sind. Sie sind zwar zeitabhängige, aber nur bedingt
mengenabhängige Kosten. Sie müssen eine bestimmte Bauzeit vorgehalten werden, auch wenn in dieser Bauzeit eine geringere Menge geleistet wird. Es erscheint deshalb hier sinnvoll, falls eine genau definierte Bauzeit vorge-
geben ist, ebenfalls in den pauschalen Betrag der Baustelleneinrichtung diese Kosten mitaufzunehmen.

Man sieht daraus, daß die besonderen Anlagen - wie sie früher definiert worden sind - ein Bestandteil der gesamten Baustelleneinrichtung sind. Wenn
man die Definition der Baustelleneinrichtung so umfassend betrachtet, daß
alle Einrichtungen darin enthalten sein müssen, erübrigt sich eine verwirren-
de Unterdefinition der besonderen Anlagen.

12.1.4 Nebenstoffe und Nebenfrachten

Die Behandlung dieser Kosten ist rein kalkulativ etwas schwieriger, da aus
dem Rechnungswesen nur schwer Schlüsse abzuleiten sind, wie diese Kosten
einer einzelnen Produktionsstelle zuzuordnen sind. Hier werden fixe vom Umsatz oder von den Lohnkosten abhängige Werte je nach Vereinbarung zugrunde
gelegt.
Die gleiche Überlegung gilt für

12.1.5 Kleingeräte und Werkzeuge

Auch hier wäre der Aufwand, wenn man diese Kosten für jede einzelne Produktionsstelle genau errechnen würde, im Rechnungswesen zu groß.

Es sind dies Kosten, die genügend genau als umsatz- oder lohnbezogene Faktoren in den Kalkulationen berücksichtigt werden. Ergibt das Betriebsrechnungswesen die Kleingeräte und Werkzeuge als lohnsummenbezogene Werte, dann sollen sie in den BGK mitaufgenommen werden.
Dies entspricht auch der Definition nach den Unterlagen der Firma Strabag.

12.2 UMLAGE DER GEMEINKOSTEN

Die kalkulative Erfassung der Gemeinkosten erfolgt, da sie die verschiedensten Kostenarten wie Lohnkosten, Stoffkosten, Gerätekosten und Fremdleistungen beinhaltet, nach den Grundsätzen, die für die Kalkulation der Einzelkosten aufgestellt worden sind. Wie sie der Kalkulation zugeordnet werden, ist abhängig davon, welche Vorschriften aus dem Leistungsverzeichnis für das zu kalkulierende Projekt zu entnehmen sind.

Ist für die Baustellenregie (Baustellengemeinkosten) eine eigene Position vorhanden, so ist die kalkulative Behandlung gleich der Behandlung der übrigen Teilleistungen. Falls jedoch keine Position dafür vorhanden ist, müssen die Gemeinkosten in irgendeiner Form über die Einheitspreise der Einzelleistungen vergütet werden.

Man unterscheidet dabei drei Verfahrensmöglichkeiten :

1. Die Gemeinkosten werden nur auf die Löhne, d.h. nur über die Stunden umgelegt. Nach Opitz ist dieses Verfahren berechtigt, da die Gemeinkosten Leistungen des Unternehmens sind, die nur auf dessen eigene Leistungen umzulegen sind, da sie im wesentlichen nur zur Durchführung dieser Einzelleistungen anfallen. Vertretbar ist es sicher dann, wenn es sich um eine Baustelle handelt, die hauptsächlich aus Eigenleistungen des Unternehmens besteht. Die Zuschlagsermittlung erfolgt kalkulativ auf einem besonderen Endblatt als Zuschlag auf den Mittellohn je Stunde. Die Einheitspreise werden dann unter Berücksichtigung des Stundenfaktors aus Lohn + BGK ermittelt. Bei Behandlung von Nachtragsangeboten können häufig Schwierigkeiten entstehen, weil durch die Umlage der Gemeinkosten auf die Lohnkosten ein hoher Lohnanteil entsteht und die Auftraggeber oft dazu verleitet werden, daraus zu schließen, daß der Unternehmer einen überhöhten Lohnvergütungsfaktor je Stunde zugrunde legt. Daß damit die BGK abzugelten sind, ist oft nur sehr schwer zu erläutern.

2. Das zweite Verfahren besteht darin, die Gemeinkosten gleichmäßig auf die Herstellungskosten zu verteilen, wobei lediglich noch zu differenzieren ist, ob mit oder ohne Fremdleistungen (NU). Dieses Verfahren ist dann berechtigt, wenn es sich um schlüsselfertige Bauten handelt und wenn die Summe der Leistungen hauptsächlich aus Leistungen anderer Unternehmen bestehen. Oder aber auch dann, wenn relativ hohe Stoffkostenanteile vorhanden sind, weil die Durchführung der Arbeiten an reine Lohn-Sub-Unternehmer vergeben werden.

3. Berücksichtigt man bei der Kalkulation die Aufgliederung der Kosten nach Arbeitskosten und Sonstigen Herstellkosten, dann erscheint es logisch, die Baustellengemeinkosten auf den Bereich der Arbeitskosten umzulegen. Sie werden dann dort erfaßt, wo sie ihre Ursache haben. Zumindestens für den Bereich der Zeit und mengenabhängigen Baustellengemeinkosten ist dann auch eine dem Produktionsablauf kostengerechte Zuordnung gewährleistet. Die letzte Entscheidung, wie die BGK zu erfassen sind und auf welche Teilkostenbereiche man sie umlegt, bleibt dem Angebotsersteller überlassen. Die Kalkulation sollte nur einen genauen Überblick über die Maßnahmen vermitteln. Dies ist notwendig, um im Produktionsablauf überprüfen zu können, ob ein kostenechter Ablauf noch vorhanden ist. Insbesondere bei Entscheidungen, die einen Wechsel zwischen kalkulierter Eigenleistung und Fremdleistung bedingen, sind die daraus resultierenden Einflüsse auf die Abdeckung der BGK besonders zu beachten.

BAUSTELLENGEMEINKOSTEN - BGK

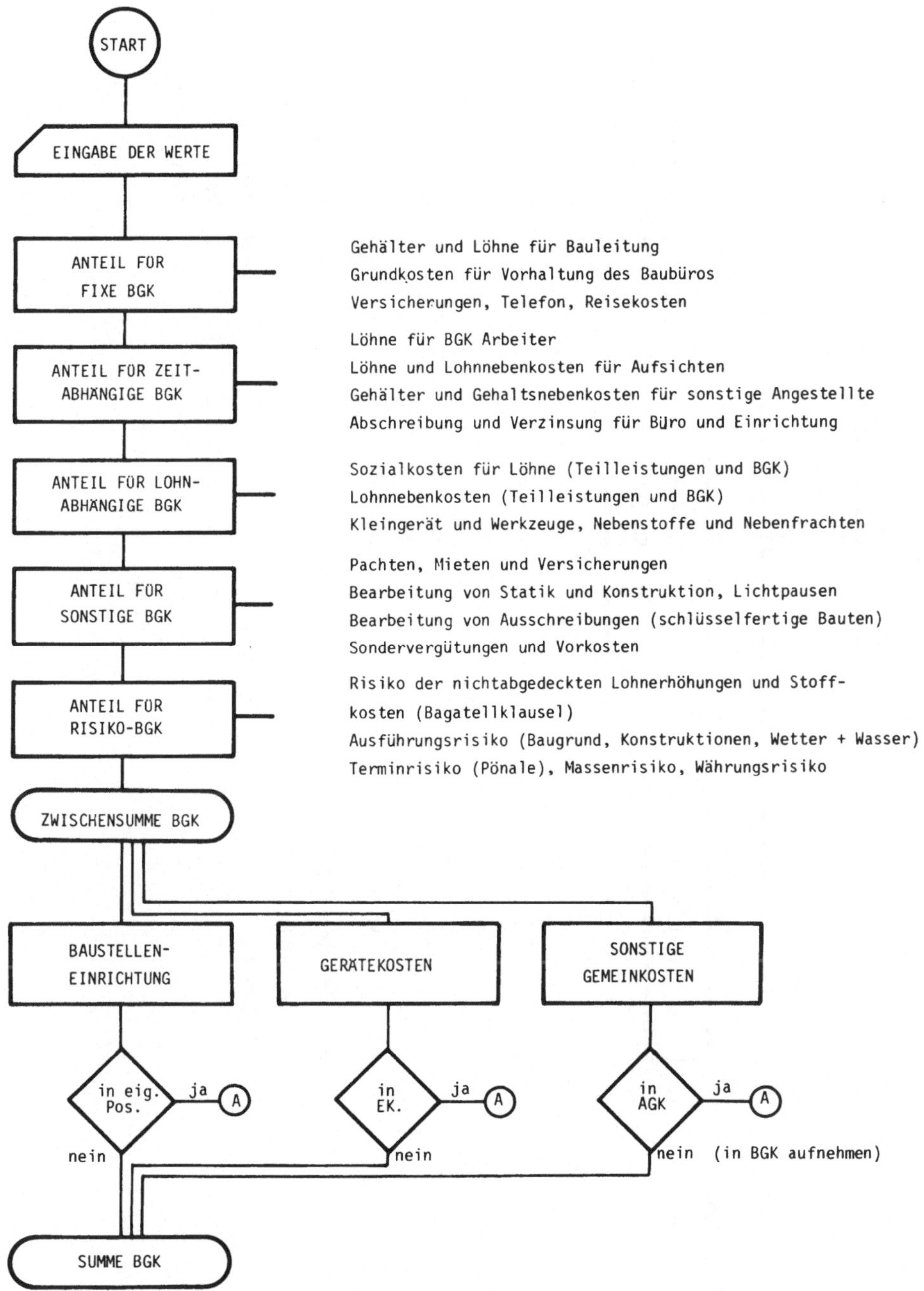

Gehälter und Löhne für Bauleitung
Grundkosten für Vorhaltung des Baubüros
Versicherungen, Telefon, Reisekosten

Löhne für BGK Arbeiter
Löhne und Lohnnebenkosten für Aufsichten
Gehälter und Gehaltsnebenkosten für sonstige Angestellte
Abschreibung und Verzinsung für Büro und Einrichtung

Sozialkosten für Löhne (Teilleistungen und BGK)
Lohnnebenkosten (Teilleistungen und BGK)
Kleingerät und Werkzeuge, Nebenstoffe und Nebenfrachten

Pachten, Mieten und Versicherungen
Bearbeitung von Statik und Konstruktion, Lichtpausen
Bearbeitung von Ausschreibungen (schlüsselfertige Bauten)
Sondervergütungen und Vorkosten

Risiko der nichtabgedeckten Lohnerhöhungen und Stoff-kosten (Bagatellklausel)
Ausführungsrisiko (Baugrund, Konstruktionen, Wetter + Wasser)
Terminrisiko (Pönale), Massenrisiko, Währungsrisiko

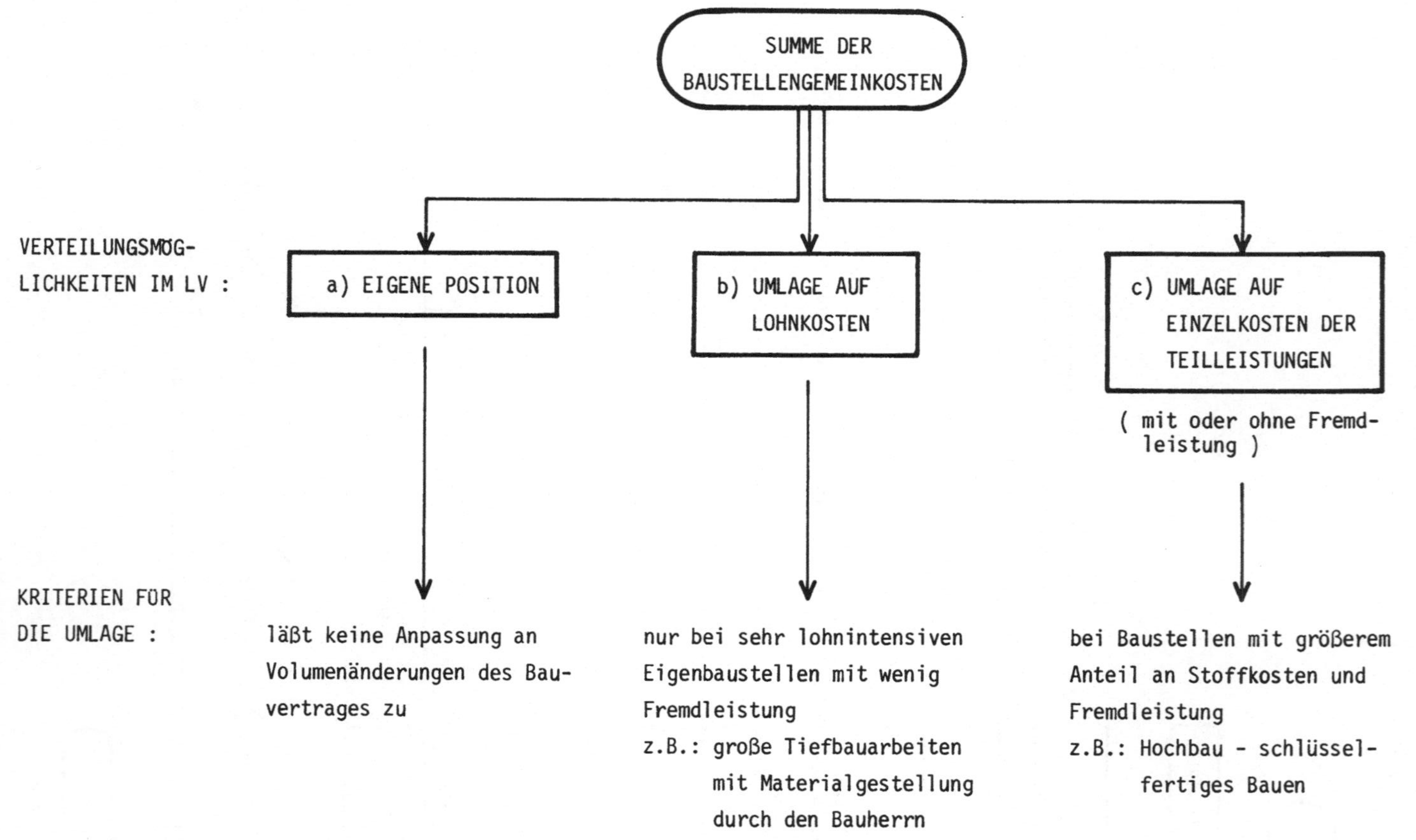

SUMME DER BAUSTELLENGEMEINKOSTEN

VERTEILUNGSMÖG-
LICHKEITEN IM LV :

a) EIGENE POSITION

b) UMLAGE AUF
LOHNKOSTEN

c) UMLAGE AUF
EINZELKOSTEN DER
TEILLEISTUNGEN

(mit oder ohne Fremd-
leistung)

KRITERIEN FÜR
DIE UMLAGE :

läßt keine Anpassung an
Volumenänderungen des Bau-
vertrages zu

nur bei sehr lohnintensiven
Eigenbaustellen mit wenig
Fremdleistung
z.B.: große Tiefbauarbeiten
mit Materialgestellung
durch den Bauherrn

bei Baustellen mit größerem
Anteil an Stoffkosten und
Fremdleistung
z.B.: Hochbau - schlüssel-
fertiges Bauen

13. ALLGEMEINE GESCHÄFTSKOSTEN

Die Einzelkosten und Baustellengemeinkosten, die zusammen die Herstellkosten
ausmachen, sind Kosten, welche,bezogen auf das jeweilige Projekt, aus den
dafür relevanten Kosten und der Verfahrensgrundlage ermittelt werden.
Die Allgemeinen Geschäftskosten dagegen haben gesamtunternehmerische Bezugsgröße. Eine direkte Abhängigkeit vom sachlichen oder monetären Inhalt der
Einzelbaustelle ist noch nicht eindeutig nachzuweisen. Sie können deshalb
nicht auf das Einzelobjekt bezogen ermittelt werden, sondern sind als fixe
Kosten zu betrachten, die zwar in ihrer Größe einen Abhängigkeitsfaktor aufweisen können, trotzdem aber weder nur von den Einzelkosten noch nur von der
Bauzeit abhängen.

13.1 GRUNDLAGEN

Die Allgemeinen Geschäftskosten eines Unternehmens werden mit Hilfe der Betriebsabrechnung und der zentralen Kostenrechnung erfaßt. Sie geben den Aufwand der zentralen Verwaltung mit allen Hilfsbetrieben und Dienstleistungen
wieder, der aus organisatorischen und unternehmerischen Gründen zur Führung
eines Geschäftes und der Produktionsstellen notwendig ist. Demnach kann man
die AGK auch nur auf den Gesamtumsatz bezogen betrachten, nicht aber bezogen
auf den Einzelumsatz einer Baustelle variieren. Es ist auch nur sehr schwer
möglich, wie die Deckungsbeitragsrechnung fordert, eine konsequente Aufteilung der Allgemeinen Geschäftskosten nach fixen und variablen Kostenanteilen
durchzuführen.

Es wäre sicher von Vorteil, wenn es gelingen würde, die baustellenbezogene Abhängigkeit der AGK zu erkennen, um damit auch die Möglichkeit zu haben, die AGK mit den BGK produktionsabhängig zu erfassen. Es ergibt sich jedoch die Frage, ob der dazu erforderliche Aufwand eines betrieblichen Rechnungswesens den Erfolg rechtfertigt. Auch die auf den Gesamtumsatz bezogene Umlage der AGK bringt Vorteile mit sich, da man dadurch gezwungen ist, nicht nur die Einzelproduktionsstelle zu betrachten, sondern immer wieder den Gesamtkomplex zu untersuchen.

13.2 DIE KALKULATIVE BERÜCKSICHTIGUNG DER AGK

Die Allgemeinen Geschäftskosten setzen sich aus den Kosten folgender Bereiche zusammen :

1.   Kosten der Hauptverwaltung
2.   Kosten der Niederlassung
2.a. Kosten der Hilfskostenstellen einer Niederlassung
3.   Wagnis
3.a. Gewinn

Dabei sind die Anteile aus 1. bis 2.a. Kosten, deren Größenordnung im Nachhinein für den Betriebszeitraum durch das Rechnungswesen festgestellt werden kann.
Die Anteile aus Wagnis und Gewinn dagegen stellen Kostenanteile dar, die abstrahiert auch im Rechnungswesen nicht zu erfassen sind, sondern nur der unternehmerischen Politik unterliegen.

Eine produktionsbezogene Abhängigkeit der AGK ist also nicht direkt nachweisbar. Es ist daher in der Kalkulation üblich, sie als Zuschlag zu den Herstellkosten, d.h. - da die BGK ebenfalls im Umlageverfahren erfaßt werden - als Zuschlag zu den Einzelkosten der Teilleistungen zu berücksichtigen. Dabei geht man davon aus, daß alle Kostenarten der Einzelleistungen mit dem gleichen Anteil beaufschlagt werden. Dies erleichtert die gesamtbetriebliche Überlegung in bezug auf die Ermittlung des möglichen Deckungsbeitrages. Variationen sind möglich für den Anteil der Fremdleistungen, da man hier durchaus differenzieren kann, ob der für die AGK relevante Umsatzanteil die Fremdleistungen enthalten soll oder nicht.

Dies spielt eine besondere Rolle bei den Arbeiten des Generalunternehmers. Man kann davon ausgehen, daß eine Schwerpunktsverlegung auf diesem Gebiet eine Umorientierung der AGK, insbesondere in Bezug auf die Größenordnung und auf die anzuwendende Verteilung bei den Einzelkostenstellen notwendig macht. Darauf wird bei der Überlegung des Deckungsbeitrages noch näher eingegangen.

13.3 DIE VERSCHIEDENEN KOSTENANTEILE DER AGK

1. K o s t e n der H a u p t v e r w a l t u n g (HV) :

Die bei der HV anfallenden Kosten beinhalten alle Aufwendungen, die nach der spezifischen Betriebsorganisation für die Durchführung des HV-Betriebes notwendig sind. Welche Kosten dies im einzelnen sind, richtet sich nach der Unternehmensform und der Organisation. Die Kostenfaktoren können dabei von Fall zu Fall stark variieren. Für die Kalkulation ist von Bedeutung, in welcher Form die Betriebsstellen mit den HV-Kosten belastet werden.

a. Umsatzbezogene Belastung :

Die HV-Kosten werden als Zuschlag zum Umsatz erhoben. Sie haben in diesem Fall variablen Charakter, da sie vom Standpunkt der Niederlassung aus nur in einer dem Umsatz direkt proportionalen Höhe anfallen.

b. Als periodenbezogene Pauschale :

Die Kosten der HV werden dabei nicht als Prozentsatz vom Umsatz festgelegt, sondern für einen Betrachtungszeitraum, meist identisch mit dem Geschäftsjahr, als pauschale Summe fixiert. Damit erhält die HV-Umlage für den Bereich der Niederlassung einen Fix-Kosten-Charakter. Die für die Kalkulation zu wählende Umlagen-Größe richtet sich nach dem Auftrags- bzw. Jahresumsatz Soll/Ist. Dies führt dazu, daß die Größenordnung der Umlage entsprechend variiert werden muß.

$$\text{Ausgangs AGK} = \frac{\text{HV-Pauschale}}{\text{Jahresumsatz Soll}} \times 100 \ \%$$

In Teilzeitperioden ist folgende Überprüfung sinnvoll :

Rest-HV-Umlage   =   HV-Umlage minus erwirtschafteter HV-Anteil

Rest-Umsatz   =   verbessertes Jahres-Soll minus geleisteter Umsatz

$$\text{HV-Umlage für Rest-Periode} = \frac{\text{Rest-HV-Umlage x 100 \%}}{\text{Rest-Umsatz}}$$

Die endgültige Entscheidung fällt in den Bereich der Überlegung über den Deckungsbeitrag.

2. K o s t e n   der Z w e i g n i e d e r l a s s u n g (ZN) :

Wie die HV-Kosten werden sie als umsatzbezogene Kosten betrachtet, obwohl hier eine bessere Aufspaltung in fix-variable Kosten möglich wäre. Da die Steuerung der variablen Kosten eine meist über die Baustellenzeit hinausreichende Tätigkeit besitzt, eignet sie sich besser für langfristige Betriebsannahmen als für die kurzfristige Kalkulationsgrundlage. Wenn man also davon ausgeht, daß für den Kalkulationsfall auch die ZN-Kosten als fixe Kosten zu betrachten sind, ergeben sich die gleichen Überlegungen wie bei den HV-Kosten.

$$\text{Ausgangs-ZN-Kosten} = \frac{\text{ZN-Kosten x 100 \%}}{\text{Umsatz-Soll}}$$

Da bei einem entsprechenden Rechnungswesen die ZN-Kosten monatlich genau erfaßt werden können, kann auch monatlich die umsatzbezogene ZN-Zahl wie folgt überprüft werden :

$ZN(t_1)$ seien die erwirtschafteten ZN-Kosten zum Zeitpunkt t_1

dann ist $ZN(t_1)$ =   Ergebnis aus Umsatz zum Zeitpunkt T_1
                        minus entsprechende Ergebnisanteile für HV
                        und Wagnis + Gewinn

der Rest-Umsatz   =   Soll-Umsatz minus geleisteter Umsatz zum
                        Zeitpunkt t_1

$$\text{ZN-Kostenanteil für Rest-Umsatz in \%} = \frac{\text{geplante Gesamt-ZN-Kosten} - ZN(t_1)\ \%}{\text{Rest-Umsatz}}$$

2.a. H i l f s b e t r i e b :

Zu den Hilfsbetrieben gehören im wesentlichen folgende Bereiche :

 Lagerplatz
 Werkstätten
 Fuhrpark
 Wohnlager
 ständige Betriebseinrichtung, wie stationäre Mischanlagen o.ä.
 Vermietung von Geräten an Dritte

Der Einfachheit halber wird hier vorgeschlagen, die Kostenanteile für diese
Betriebe nicht von den Kosten der Niederlassung zu trennen, sondern sie mit
diesen integriert zu betrachten. Es ist nicht nachzuweisen, daß eine Berücksichtigung der Produktionsstellenabhängigkeit bei der Kalkulation, d.h. also
eine Variation der Kostengröße je nach Art der Kostenstelle gesamtbetrieblich einen Vorteil bringt.

Um die umsatzbezogenen Umlagegrößen der Kostenstelle HV, ZN, Hilfsbetriebe,
sorgfältig erfassen zu können, ist es notwendig, diese Kostenstellen auch
einer laufenden Kostenkontrolle zu unterwerfen. Ein sorgfältiges Rechnungswesen erleichtert die Transparenz und ermöglicht derartige folgerichtige
Entscheidungen über die Größenordnung.

3. W a g n i s :

Der kalkulative Ansatz für Wagnis entspricht dem Ansatz für zusätzliche Kosten,
die im einzelnen nicht bekannt sind, die aber bei sorgfältiger Abwägung der
Risiken des Baubetriebes durchaus eintreten können. Auch hier muß man erkennen,
daß die Abhängigkeit der Wagniskosten von der einzelnen Produktionsstelle nicht
bekannt ist. Anhaltspunkte über die Größenordnung ergeben nur gesamtbetriebliche Überlegungen mit Hilfe der Gewinn- und Verlustrechnung zu Ende des
Berichtzeitraumes.

Es ist allerdings durchaus möglich, daß bei einzelnen Baustellen besonders geartete Risiken anfallen. Diese sind dann über den allgemeinen Anteil für
Wagnis hinaus in den Baustellengemeinkosten baustellenbezogen zu erfassen.

3.a. G e w i n n :

Noch mehr als der Zuschlag für Wagnis ist der Zuschlag für Gewinn ein Wert,
der von der Gesamtsituation eines Betriebes abhängig ist. Er wird im wesentlichen beeinflußt von der Marktsituation des Unternehmens und von der jeweiligen zeitbezogenen Marktlage insgesamt.
Sehr häufig werden die Werte für Wagnis und Gewinn gemeinsam als Prozentsatz vom Umsatz veranschlagt.

Kalkulation des Angebotspreises :

  Aus den Teilkostenbereichen :

            Herstellkosten
         + Allgemeine Geschäftskosten
         + Wagnis und Gewinn
         ――――――――――――――――――――――――
  ergibt sich Σ Angebotssumme netto

Da sowohl die AGK wie die Wagnis- und Gewinnzuschläge Werte sind, die nach
der Betriebsabrechnung als Faktoren in Abhängigkeit vom Umsatz erscheinen,
ist es in der Kalkulation notwendig, die Größenordnung in bezug auf die Herstellkosten zu berechnen. Da die Herstellkosten den um den Anteil an AGK
sowie Wagnis und Gewinn verminderten Anteil der Angebotssumme netto ausmachen, ergibt sich folgende Umrechnung :

  n =   Umlagefaktor für AGK + Wagnis + Gewinn
          bezogen auf den Umsatz

  n' =   Umsatzfaktor für AGK + Wagnis + Gewinn
          bezogen auf die Herstellkosten

  dabei gilt n' $= \dfrac{n}{100 - n}$

Mehrwertsteuer :

Zur endgültigen Angebotssumme gehört noch die Mehrwertsteuer. Sie wird nach
den gesetzlichen Regelungen und der gesetzlichen Höhe als Anteil von der
Nettoangebotssumme erhoben. Wichtig erscheint mir hier nur der Hinweis, daß
im Angebot auf die Größenordnung der gesetzlich gültigen Mehrwertsteuer hingewiesen wird, da sonst bei Änderung der Mehrwertsteuer in der Herstellperiode
des Auftrages vertragliche Schwierigkeiten entstehen können.

ALLGEMEINE GESCHÄFTSKOSTEN - AGK

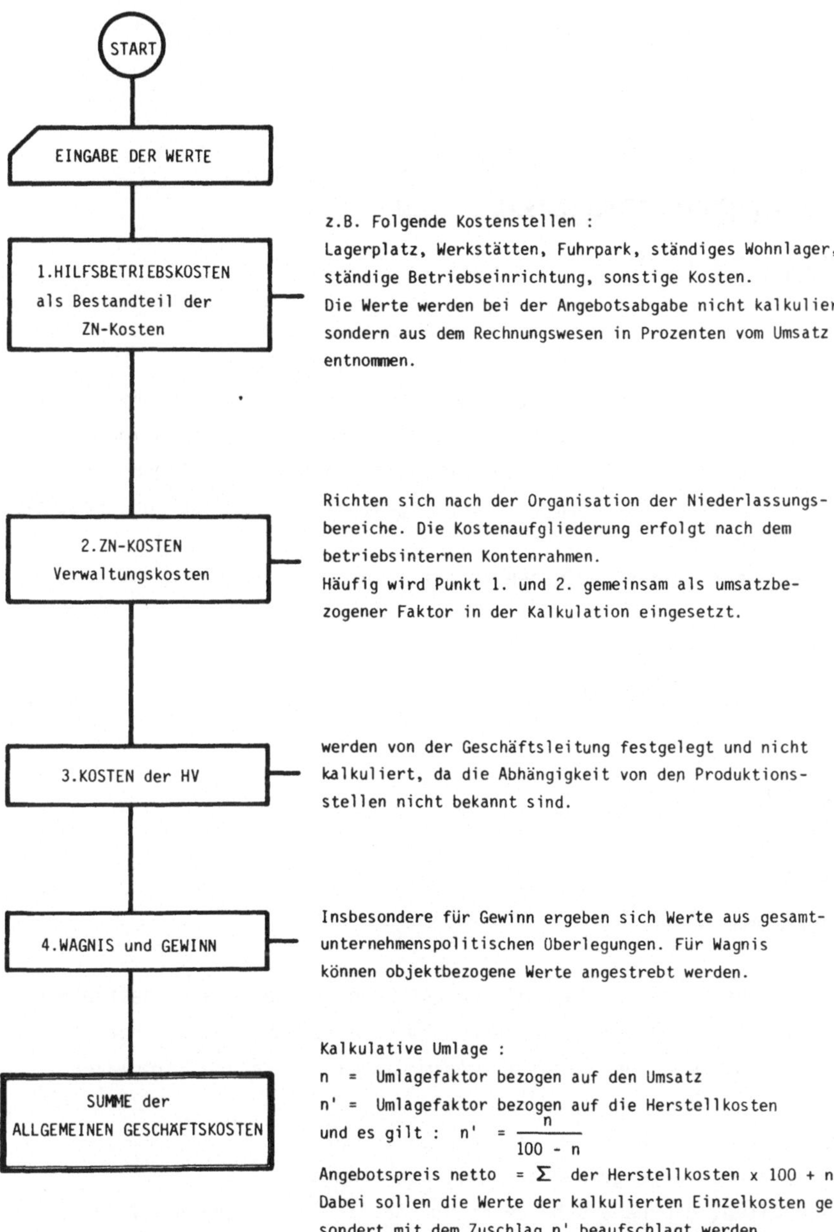

z.B. Folgende Kostenstellen :
Lagerplatz, Werkstätten, Fuhrpark, ständiges Wohnlager,
ständige Betriebseinrichtung, sonstige Kosten.
Die Werte werden bei der Angebotsabgabe nicht kalkuliert,
sondern aus dem Rechnungswesen in Prozenten vom Umsatz
entnommen.

Richten sich nach der Organisation der Niederlassungs-
bereiche. Die Kostenaufgliederung erfolgt nach dem
betriebsinternen Kontenrahmen.
Häufig wird Punkt 1. und 2. gemeinsam als umsatzbe-
zogener Faktor in der Kalkulation eingesetzt.

werden von der Geschäftsleitung festgelegt und nicht
kalkuliert, da die Abhängigkeit von den Produktionsstellen nicht bekannt sind.

Insbesondere für Gewinn ergeben sich Werte aus gesamt-
unternehmenspolitischen Überlegungen. Für Wagnis
können objektbezogene Werte angestrebt werden.

Kalkulative Umlage :
n = Umlagefaktor bezogen auf den Umsatz
n' = Umlagefaktor bezogen auf die Herstellkosten
und es gilt : $n' = \dfrac{n}{100 - n}$

Angebotspreis netto = Σ der Herstellkosten x 100 + n'
Dabei sollen die Werte der kalkulierten Einzelkosten gesondert mit dem Zuschlag n' beaufschlagt werden.

Beispiel :

Angebotssumme netto = Lohnkosten + n' x Anteil BGK
                     + Stoffkosten + n' x Anteil BGK
                     + Gerätekosten + n' x Anteil BGK
                     + Fremdleistung + n'

wobei nach Überlegungen für den Dedkungsbeitrag die Werte n'
für die Einzelkostenarten variieren können.

14.DIE ANGEBOTSSUMME UND DIE EINZELPREISE

Nach der Ermittlung der Herstellkosten, bestehend aus Einzelkosten der Teilleistungen und den Baustellengemeinkosten,und der Festlegung der Allgemeinen Geschäftskosten sind die kalkulativen Voraussetzungen für das Angebot geschaffen. Die Erstellung des formgerechten Angebotes ist nur noch das Ergebnis verschiedener Rechenoperationen.
Dabei sind zwei verschiedene Aufgaben zu erfüllen :

1. Die Angebotssumme als Ganzes muß fixiert werden.
   Dies ist die Summenbildung aus

       Herstellkosten
       Allgemeine Geschäftskosten
       ─────────────────────────────
     = Angebotssumme netto
     + Mehrwertsteuer
       ─────────────────────────────
     = Angebotssumme brutto.

2. Als vertragliche Grundlage für die Bauausführung müssen die Einheitspreise für die Teilleistungen ermittelt werden. Dies erfordert schon einen größeren Rechenaufwand und erfolgt zweckmäßig mit Hilfe von Formularen.

Mit fortschreitender Anwendung der Kleincomputer wurden auch Programme entwickelt, die diese aufwendige Rechenarbeit übernehmen.
Beide Möglichkeiten, die händische Rechnung und das EDV-Programm,sollen nachstehend kurz erläutert werden .

14.1 ERMITTLUNG DER ANGEBOTSSUMME UND DER EINZELPREISE
DER LV - POSITIONEN OHNE EDV-HILFE

Es gibt fast in jeder Firma für diese Rechenarbeiten eigene Systeme. Sie
alle erfüllen die gestellten Forderungen mit mehr oder weniger übersicht-
lichem Aufwand.
Zur Erläuterung wird nun ein Formular-System gezeigt, ohne daß es deshalb
fachlich den anderen Möglichkeiten vorzuziehen ist.

14.1.1 Rechenvorgang zur Ermittlung der Angebotssumme

14.1.1.2

Die Einzelkosten werden in die entsprechenden Spalten eingetragen. Die Lohn-
Kosten-Spalte ergibt sich aus der Lohn-Stunden-Spalte mal dem errechneten
Mittellohn.

14.1.1.3

Die Baustellengemeinkosten werden eingetragen, wobei die Einrichtungskosten
nur dann ausgefüllt werden, wenn sie nicht in den Einzelkosten als besondere Position enthalten sind.

14.1.1.4

Die Summe aus den Einzelkosten und den Baustellengemeinkosten ergibt die
Herstellkosten des Objektes.

14.1.1.5

In die Spalte für den Kalkulations-Endzuschlag werden die Werte aus den Allgemeinen Geschäftskosten eingetragen und für die verschiedenen Kostenarten
ermittelt.
Die Summe aus den Spalten 14.1.1.2 bis 14.1.1.5 ergibt die Angebotssumme
netto.

14.1.1.6

Falls die Baustellengemeinkosten nur auf die Löhne umgelegt werden sollen,
sind folgende Rechenvorgänge erforderlich :

14.1.1.6.1

Die Baustellengemeinkosten werden in einer besonderen Spalte " Umlage auf Lohn " erfaßt.

14.1.1.6.2

Die Anteile aus Allgemeine Geschäftskosten bezogen auf den Lohn und die Baustellengemeinkosten werden gesondert erfaßt und zu der Summe 14.1.1.6.1 addiert.

14.1.1.6.3

Aus dem Ergebnis der Division

$$\frac{\text{Summe Umlage } 14.1.1.6.1 \;+\; 14.1.1.6.2}{\text{Lohnkosten Spalte } 4}$$

wird der Umlagefaktor Lohn ermittelt.

14.1.1.6.4

Um nun die Kosten aus Stunden und Baustellengemeinkosten zusammenzufassen, wird der Lohnfaktor wie folgt ermittelt :

$$\text{Mittellohn} \;=\; \frac{\text{Mittellohn } x \text{ Umlagefaktor}}{\text{Lohnfaktor}}$$

Die Multiplikation Stunden aus Einzelkosten x Lohnfaktor ergibt dann die in den Herstellkosten enthaltenen Lohnkosten + Baustellengemeinkosten.

14.1.1.6.5

Die Angebotssumme netto wird nun wie folgt ermittelt :

Lohnanteil	=	Stunden x Lohnfaktor
Stoffanteil	=	Stoffkosten aus Einzelkosten x Allgemeiner Zuschlag
Gerätekosten	=	Gerätekosten aus Einzelkosten x Allgemeiner Zuschlag.

Bei den Gerätekosten kann neben den Allgemeinen Zuschlägen noch der Anpassungsfaktor, wie er im Kapitel Gerät erläutert wurde, berücksichtigt werden.
Damit ergibt sich

Gerätekosten mit 100 % (Baugeräteliste) x Anpassungsfaktor an Marktsituation x Allgemeine Zuschläge

Fremdleistungen = Fremdleistung der Einzelkosten x Allgemeine Zuschläge.

Der nächste Rechenvorgang ist die Ermittlung der Einheitspreise für die Fertigstellung des Angebotsleistungsverzeichnisses.

Da sich die Einzelpreise aus den Anteilen der Kostenarten L o h n , S t o f f , G e r ä t , F r e m d l e i s t u n g bzw. nach der Aufteilung der A r b e i t s k o s t e n und S o n s t i g e n K o s t e n ermitteln, ist der Rechenvorgang im Aufbau identisch mit dem Rechenvorgang für die Angebotssumme netto.

Die Größe der Kostenanteile ergibt sich bei der Kalkulation der Einzelkosten.

   E i n h e i t s p r e i s für Position a

= a x Stundenanteil + Lohnfaktor

+ a x Stoffkosten + Allgemeiner Zuschlag

+ a x Gerätekosten x Allgemeiner Zuschlag x Anpassungsfaktor

+ a x Fremdleistung + Allgemeiner Zuschlag.

Dieses System gilt unter der Voraussetzung, daß die Umlage der Baustellengemeinkosten auf die Löhne erfolgt. Wählt man eine andere Umlage, z.B. auf die Arbeitskosten, was von der Sache her anzustreben wäre, dann müssen die Baustellengemeinkosten und Allgemeinen Geschäftskosten auf die Kostenarten L o h n , G e r ä t , B e t r i e b s s t o f f k o s t e n , B a u h i l f s s t o f f e , F r e m d a r b e i t s k o s t e n verteilt werden. Es ergibt sich für jede Art einen besonderen Umlagefaktor.

Der Rechenvorgang hat dann folgenden Aufbau :

   A n g e b o t s s u m m e n e t t o =

= Lohn x Umlagefaktor L
+ Gerät x Umlagefaktor G
+ Betriebsstoffe + Umlagefaktor B
+ Bauhilfsstoffe + Umlagefaktor B
+ Fremdarbeitskosten + Umlagefaktor
+ Sonstige Kosten x AGK-Zuschlag.

Zur Vereinfachung kann man natürlich die Umlagefaktoren für G e r ä t , B e t r i e b s s t o f f e , B a u h i l f s s t o f f e , F r e m d - a r b e i t s k o s t e n , zusammenfassen, sodaß sich folgender Aufbau ergibt :

   A n g e b o t s s u m m e n e t t o =

= Stunden + Lohnfaktor
   Gerät + Bauhilfsstoffe + Betriebsstoffe + Fremdarbeitskosten
   x Umlagefaktor
+ Sonstige Kosten x AGK-Zuschlag.

Die analogen Überlegungen gelten bei der Ermittlung der Einzelpreise.

14.1 — Objekt Nr.: 80/136/76 — Objekt : Brücke

ERMITTLUNG DER ANGEBOTSSUMME

Nr.	Bereich	KOSTENART	Stunden	% Lohn	Lohn-kosten	Gemein-kosten	Stoff-kosten	Geräte-kosten	Fremd-leistg.	Sonst. Kosten	Gesamt	% HK	Lohnk.	Umlage auf
		1'	2'	3	4'	5'	6'	7'	8'	9'	10'= 4'-9'	11'	12'	13' / 14'
1	EINZELKOSTEN	Baustelleneinrichtung u. Räumung												
2		Gerätevorhaltung						100.673,-						
3														
4														
5		übrige Einzelkosten						85 %						
6		GESAMT 14.1.1.2	41.060		345.725,-		826.324,-	85.572,-	701.176,-		1,958.797,-	77,3		
7	GESAMTKOSTEN	Baustelleneinrichtung u. Räumung												
8		Gerätevorhaltung												
9		Einmalige Kosten				12.000,-								
10		Zeitabhängige Kosten				181.456,-								
11		Lohnabhängige Kosten				355.917,-								
12		Hilfslöhne	3.000	7,3	25.260,-									
13														
14		GESAMT	3.000	7,3	25.260,-	549.373,-					574.633,-	22,7	574.633,-	14.1.1.6.1
15		HERSTELLKOSTEN 14.1.1.4			370.985,-	549.373,-	826.324,-	85.572,-	701.176,-		2,533.430,-	100		
16	ALLGEMEINE ZUSCHLÄGE	auf — a) vom Umsatz (%): AGK, W.u.G., Sonst. — b) auf HK (%)												
17		Lohn — AGK 8, W.u.G. 3, Sonst. –, 11, b) auf HK 12			44.518,-						44.518,-		44.518,-	
18		GK — AGK 8, W.u.G. 3, Sonst. –, 11, b) auf HK 12				65.925,-					65.925,-		65.925,-	
19		Stoffk. — AGK 8, W.u.G. 3, Sonst. –, 11, b) auf HK 12					99.159,-				99.159,-			
20		Gerätek. — AGK 8, W.u.G. 3, Sonst. –, 11, b) auf HK 12						10.268,-			10.268,-			
21		Fremdl. — AGK 5, W.u.G. 2, Sonst. –, 7, b) auf HK 8							56.094,-		56.094,-			
22		Sonst.												
23		KOSTEN OHNE BEAUFSCHLAGUNG (REGIEARBEITEN)								60.068,-	60.068,-		Summe der Umlagen 685.076,- 14.1.1.6.2	
24		ANGEBOTSSUMME NETTO 14.1.1.5			415.503,-	615.298,-	925.483,-	95.840,-	757.270,-	60.068,-	2,869.462,-		345.725,-	
25		BEMERKUNGEN											Umlage-Zuschlagssätze 1,9816 14.1.1.6.3	
26	ENDGÜLTIGES ANGEBOT	Einzelkosten — Std.	41.060				826.324,-	100.673,-	701.176,-					
27		Faktoren	25,10				1,12	0,95	1,08					
28		Gesamt 26 x 27			1.030.606,-		925.483,-	95.639,-	757.270,-		2,808.998,-			
29		KOSTEN OHNE BEAUFSCHLAGUNG (REGIEARBEITEN)									60.068,-			
30		ANGEBOTSSUMME NETTO 14.1.1.6.5									2,869.066,-			

Umlage auf (Spalten 13' / 14'):

Mittellohn ..... 8,42 DM/h
+1,9816x8,42 = 16,68
Lohnfaktor 25,10 DM/h
(14.1.1.6.4)

14.2 ERMITTLUNG DER ANGEBOTSSUMME UND DER EINZELPREISE
DER LV - POSITIONEN MIT HILFE DER EDV

Bei der Kalkulation sollten wir zwei Tätigkeitsbereiche unterscheiden :

1. Die Übertragung der gewählten verfahrenstechnischen Vorgänge in die
   Anteile der Kostenarten ;

2. die rein rechnerische Tätigkeit zur Erlangung der Preise für das Angebot.

Die Hilfe der EDV bezieht sich zur Zeit nur auf den Punkt 2.
Programme, die als Entscheidungsprogramme die erforderlichen Kostenarten-
anteile für eine besondere Verfahrenstätigkeit aus einem gespeicherten
Leistungskatalog auswählen, sind noch nicht häufig im Einsatz. Für einfache,
in der Verfahrenstechnik gleichartige Arbeitsvorgänge, wie z.B. Hochbau-
arbeiten, ist ein solches Entscheidungssystem durchaus denkbar.
Schwierige Kalkulationen werden aber noch lange der Entscheidungs- und Denk-
tätigkeit von erfahrenen Ingenieuren bedürfen.

Der Einsatz von EDV, insbesondere von Kleincomputern, für den zweiten Bereich
der Kalkulationsarbeit kann die Erstellung von Angeboten wesentlich verein-
fachen.

Der organisatorische Aufbau eines solchen Büros kann folgendes Schema haben :

K a l k u l a t i o n s b ü r o	Personalstand
Ingenieure für die Kalkulation der	
verschiedenen, fachorientierten Bereiche	
Hochbau	1
schlüsselfertiger Hochbau	1
allgemeiner Tiefbau	1
Brückenbau	1
	4

R e c h e n b ü r o

Kleincomputer z.B. Gier Data 2000

2 Eingabegeräte
1 Rechner
1 Drucker
Sachbearbeiter   2

Das reine Rechenprogramm setzt sich aus folgenden Teilen zusammen :

14.2.1 Programm zur Ermittlung der Einzelkosten

14.2.1.1

Kurzbeschreibung des LV-Textes.

14.2.1.2

Mengenansätze der LV-Positionen.

14.2.1.3

Aufgliederung der LV-Positionen nach Kostenarten.

14.2.1.4

Eingabe der Werte des Kalkulators für die Kostenarten der Einzelposition.

14.2.1.5

Ermittlung der Summe der Einzelkosten.

Da die Eingabearbeit sehr umfangreich ist, hat sich das System zwei Eingabegeräte und ein Rechner als sehr wirtschaftlich herausgestellt. Unabhängig
von der Eingabe werden die Kalkulationswerte ermittelt und in das Programm
eingegeben. Bei einfachen Kalkulationen, z.B. im Hochbau, können die Werte
der Kostenarten auch direkt im EDV-Formular ermittelt werden. Dies führt zu
einer weiteren Rationalisierung.

14.2.2 Programm zur Ermittlung der Angebotssumme (Kalkulationsendblatt)

Für die Ermittlung der Angebotssumme liegt ein Programm K a l k u l a t i o n s -
e n d b l a t t vor.
Der Reihenfolge der Spalten und Zeilen nach sind folgende Eingabewerte einzusetzen :

14.2.2.1

Gesamtmittellohn für das Objekt unter Nr. 0 .

14.2.2.2

Einzelkosten der Teilleistungen aus Programm 14.2.1 in Nr. 1 - 3 für
S t u n d e n , S o n s t i g e K o s t e n entspricht den S t o f f -
k o s t e n , G e r ä t e und F r e m d l e i s t u n g e n .
Unter A ermittelt der Rechner die Summe der Teilleistungen einschließlich
Lohn.

14.2.2.3

In den Nr. 4 - 17 werden die kalkulierten BGK-Werte eingesetzt und zwar in
den Nr. 4 - 8 die lohnunabhängigen Werte der Kalkulation; in Nr. 9 werden
die Nettolöhne ermittelt ; unter den Nr. 10 - 17 werden die lohnabhängigen
Kosten in % vom Nettolohn eingegeben. Unter B werden BGK ausgewiesen. Unter
C werden die Herstellkosten, also A + B = C ermittelt und die prozentuale
Aufteilung in Kostenfaktoren durchgeführt.

14.2.2.4

In den Nr. 18 + 19 werden die Zuschläge für AGK ohne Fremdleistung eingegeben und unter D die Gesamtsumme ohne Fremdleistung ausgewiesen.

14.2.2.5

Hier werden unter Nr. 20 bis 22 die Fremdleistungssummen und die Zuschläge
für diese eingesetzt und unter E die Gesamtsumme einschließlich Fremdleistungen ausgewiesen. Gleichzeitig wird der kalkulierte Deckungsbeitrag
ausgewiesen.

14.2.2.6

Die Nr. 24 - 27 sind für die Berücksichtigung umlagefreier Kosten (wie z.B.
Stunden, Lohnarbeiten) vorgesehen.

14.2.2.7

Unter F wird die A n g e b o t s s u m m e n e t t o ausgewiesen.
Die Nummer enthält den Prozentsatz der Mehrwertsteuer.
Unter G wird die A n g e b o t s s u m m e b r u t t o ausgewiesen.

Der Vorteil des Rechnens mit dem Kleincomputer liegt nicht nur in der Rationalisierung des Kalkulationsbüros, sondern auch in dem Vorteil, schnell zu Angebotssummen mit geänderten Zuschlägen zu kommen. Dadurch wird die Flexibilität der Unternehmerentscheidungen wesentlich unterstützt.

Weiterhin besteht heute schon bei manchen Bauherrn die Möglichkeit, die EDV-Ausdrücke des Kurz-LV anstelle der händisch ausgefüllten Leistungsverzeichnisse abzugeben. Auch dies ist ein Weg zur Rationalisierung des Verwaltungsaufwandes.

OBJEKT: U-BAHN L 8/1, BAULOS 16, U-BHF KOENIGSPL -S V -   DATUM 22 12 1975

OBJ -NR   80001

K A L K U L A T I O N S E N D B L A T T

A) ENTWICKLUNG DER ANGEBOTS-SUMME   (FREMDL GESONDERT)   SEITE 1

```
I---------I----I-----------I------I------------------------------I-----------I-----------I-----------I-----------I-----------I---------I
I         I NR I S U M M E I      I                              I STUNDEN   I  LOHN     I SONST KOS I GERAETE   I FREMDL    I  BEM    I
I---------I----I-----------I------I------------------------------I--- ---I--- I I ---I--- III ---I--- I V ---I--- V ----I---------I
I KTO NR  I O  I   D M     I  %   I MITTELLOHN      10 92 DM I    H      I   D M     I   D M     I   D M     I   D M     I         I
I---------I----I-----------I------I------------------------------I-----------I-----------I-----------I-----------I-----------I---------I
I         I  1 I 32 514 525I 61 6 I EINZELKOSTEN D TEILL         I   857 245I 9 361 115I 18 354 729I 4 798 681I 13 650 498I         I
I         I  2 I           I      I EINRICHTEN UND RAEUMEN       I          I          I          I          I          I         I
I         I  3 I           I      I PROJEKTKOSTEN                I          I          I          I          I          I         I
I---------I----I-----------I------I------------------------------I-----------I-----------I-----------I-----------I-----------I---------I
*         * A  * 32 514 525* 61 6 * SUMME D  TEILLEISTUNGEN    *   857 245* 9 361 115* 18 354 729* 4 798 681* 13 650 498*         *
I---------I----I-----------I------I-GEMEINKOSTEN: -----------------------------I-----------I-----------I-----------I---------I
I         I  4 I           I      I GERAETE,EINRICHT +RAEUM      I          I          I          I          I          I         I
I         I  5 I           I      I PROJEKTKOSTEN                I          I          I          I          I          I         I
I         I  6 I    488 023I  0 9 I UNTERHALT BUERO, UNTERK      I          I          I   488 023I          I          I         I
I         I  7 I    384 993I  0 7 I SONSTIGES                    I          I          I   384 993I----------I----------I         I
I         I  8 I    436 800I  0 8 I HILFSLOEHNE %V STD  4 7      I   40 000I   436 800I          I          I          I         I
I---------I----I-----------I      I                              I----------I----------I          I          I          I         I
*         * 9  *           *      * N E T T O L O H N SUMME    *   897 245* 9 797 915*          *          *          *         *
I---------I----I-----------I      I-IN % VON SUMME 9         --I--I----------I----------I          I          I          I
I         I 10 I    391 917I  0 7 I NEBENSTOFFE U  -FRACHTEN     I  4 0 % I          I   391 917I          I          I         I
I         I 11 I    195 958I  0 4 I WERKZEUGE  U  KLEINGERAETE I  2 0 % I          I   195 958I          I          I         I
I         I 12 I  2 027 030I  3 8 I BAUSTELLENGEHAELTER(+SOZ ) I 20 7 % I          I 2 027 030I          I          I         I
I         I 13 I    668 072I  1 3 I POLIERGEHAELTER(+SOZ )     I  6 8 % I   668 072I----------I          I          I         I
I         I 14 I  1 217 478I  2 3 I LOHNERHOEHUNGSLASTEN         I 12 4 % I 1 217 478I          I          I          I         I
I         I 15 I  6 564 603I 12 4 I SOZIALE LASTEN AUF LOEHNE    I 67 0 % I 6 564 603I          I          I          I         I
I         I 16 I  1 525 316I  2 9 I LOHN - NEBENKOSTEN           I 15 6 % I 1 525 316I          I          I          I         I
I         I 17 I           I      I LOHNSUMMENSTEUER             I    % I          I          I          I          I         I
I---------I----I-----------I------I-----------------------------I----------I----------I----------I----------I----------I---------I
*         * B  * 13 900 190* 26 4 * S U M M E  G E M E I N K O S T E N * 10 412 269* 3 487 921*          *          *         *
I---------I----I-----------I------I-----------------------------I----------I----------I----------I----------I----------I---------I
*         * C  * 46 414 715* 88 0 * HERSTELLKOSTEN (A+B)    BRUTTOLOHN = 19 773 384* 21 842 650* 4 798 681* 13 650 498*         *
I         I    I           I      I VERTEILUNG DER HERSTELLKOSTEN IN %        43I        47I        10I          I          I
I---------I====I===========I------I=============================I==========I==========I==========I==========I==========I========*I
I         I    I           I      I Z U S C H L A E G E    (UMSATZBEZOGEN)   I % UMS I % V C I  ZUSCHL   I
I---------I    I           I      I-----------------------------I--------I--------I--- D M ---I
I         I 18 I  4 219 098I  8 0 I ALLGEMEINE GESCHAEFTSKOSTEN  AUF EIGENLEIST I   8 0 I  9 09 I 4 219 098I
I         I 19 I  2 109 549I  4 0 I WAGNIS UND GEWINN           AUF EIGENLEIST I   4 0 I  4 55 I 2 109 549I
I---------I----I-----------I------I-----------------------------I--------I--------I----------I
*         * D  * 52 743 362* 100% * G E S A M T S U M M E (O FREMDL )      *       *       *          *
I---------I----I-----------I======I-----------------------------I--------I--------I----------I
I         I 20 I 13 650 498I      I SUMME FREMDLEISTUNGEN (SUMME C, SPTE V)    I       I       I
I         I 21 I  1 240 830I      I ALLGEMEINE GESCHAEFTSKOSTEN  AUF FREMDLEIST I   8 0 I  9 09 I 1 240 830I
I         I 22 I    620 415I      I WAGNIS UND GEWINN           AUF FREMDLEIST I   4 0 I  4 55 I   620 415I
I---------I----I-----------I------I-----------------------------I--------I--------I----------I
*         * E  * 68 255 105*      * G E S A M T S U M M E (EINSCH FREMDL ) * BAUST -ROHERGEBNIS =  8 189 892*
I---------I----I-----------I------I-----------------------------------------I------------------------------I
I         I 23 I           I      I LEISTUNGSWERT (D 9/I) =    58 78 [DM/H] I GRUNDVORGABE-WERT (E/IV E) =  12 0 % I
I---------I----I-----------I      I-----------------------------------------I
I         I 24 I    621 184I STUNDENLOHNARBEITEN   (UMLAGEFREI) ETC  I
I         I 25 I  8 659 085I
I         I 26 I           I
I         I 27 I           I
I---------I----I-----------I-----------------------------------------I
*         * F  * 77 535 374* N E T T O - A N G E B O T S S U M M E  *
I----I-----------I-----------------------------------------I
I         I 30 I  8 528 891I 11 % M E H R W E R T - S T E U E R  I
I---------I----I-----------I-----------------------------------------I
*         * G  * 86 064 265* B R U T T O  A N G E B O T S S U M M E  *
*=========================================================================================================================*
```

OBJ -NR   80001   OBJEKT U-BAHN L 8/1, BAULOS 16, U-BHF KOENIGSPL -S V -   DATUM 22 12 1975

B) PREISBILDUNGSFAKTOREN   SEITE 2

		STUNDEN	SONST KOS	GERAETE	FREMDL	STOFF 1	STOFF 2	STOFF 3	STOFF 4
		II	III	IV	V	VI	VII	VIII	IX
29	BEZUGSGROESSE (SUMME A)	857 245	18 354 729	4 798 681	13 650 498				
30	ABZ VORWEG FESTGEL EINZELPR								
31	UMLAGEBASIS (29 - 30)	857 245	18 354 729	4 798 681	13 650 498				
32	ZUSCHLAGSFAKTOREN FUER 31 (1)	1 136	1 136	1 136	1 136	1 136	1 136	1 136	1 136
33	31 X 32 * SUMME(III-IX) DM = 41 809 240*	20 850 972	5 451 302	15 506 966					
34	RESTUMLAGE = SUMME E - SUMME 33	26 445 865							
35	KALK STUNDENLOHN (34 31/I) DM/H	30 85							

C) LOHNSTEIGERUNGSABHAENGIGER ANTEIL

36	BRUTTOLOHNSUMME EIGENLEISTUNG (C/II)	19 773 384
37	LOHNANTEIL FREMDLEIST (35 0 % V C/V)	4 777 674
38	GEHAELTER PROJEKTKOST (80% V 3 U 5)	
39	LOHNKOST GERAETEREP (20% V C/IV)	959 736
40	GEHAELTER IN A G K (66% V 18 U 21)	3 603 552
41	BAUSTELLENGEHAELTER (12/III)	2 027 030
42	SUMME ZEILEN 36 BIS 41	31 141 376
43	LOHNAENDERUNGSFAKTOR (42 SUMME E)	0 456

D) ALLGEMEINES

44	EIGENGERAETE ABSCHR + VERZ % DER BGL	70 0
45	" REPARATUREN " "	90 0
46	FREMDGERAETEMIETE IN C/IV ENTHALTEN DM	
47	BAUZEIT MONATE	40
48	DAVON SCHICHTBETRIEB MONATE	24
49	BELEGSCHAFTSSTAERKE MANN	130

15.VOLLKOSTEN UND DECKUNGSBEITRAG

Das Grundprinzip der Kalkulation sollte sein, mit der Objektkalkulation
anteilig alle Kosten, die sich aus der Produktion und Verwaltung ergeben,
abzudecken. Anteilig insoferne, als die AGK umsatzbezogen verrechnet werden und das E i n z e l o b j e k t den dem E i n z e l u m s a t z
entsprechenden Kostenanteil übernehmen soll. Dies entspricht in der Summe
aller Bauproduktionen im Betrachtungszeitraum dem Prinzip der
V o l l k o s t e n r e c h n u n g .

Die übliche Kalkulation der Baukosten geht nun davon aus, daß die für einen
bestimmten Zeitraum vorhandene Kapazität voll ausgelastet ist, d.h. daß es
mit den Preisen der Vollkostenrechnung möglich ist, im Berichtzeitraum das
Umsatz- und Auftrags-Soll zu erfüllen. Diese Voraussetzung ist die Grundlage der Fixkostenumlage.

$$\text{Fixkostenumlage} = \frac{\text{Vollkostendeckungsbeitrag der AGK}}{\text{Umsatz-Soll}} = \text{konstant (für den Planungszeitraum)}$$

Diese Überlegung ist aber nur dann richtig, wenn das Umsatz-Soll erreicht
wird.
Eine negative Abweichung

$$\text{Umsatz-Ist} < \text{Umsatz-Soll}$$

führt bei gleichen Fixkostenumlagen zu einer Unterdeckung der AGK.

Eine sichere Voraussage des Umsatzsolls ist nun schon aus der Problematik,
daß die Produktion erst nach dem Absatz erfolgt und der Puffer einer Vor-
ratsproduktion entfällt, sehr schwierig.

Die gesamten marktpolitischen Überlegungen werden durch den Umstand erschwert, daß die Bauindustrie keine echten Marktpreise kennt und deshalb die Eigenorientierung an diesen nicht gegeben ist. Marktpreise treten nur objektbezogen bei der Angebotseröffnung zutage, wobei hier aufgrund der neuen Angebotszahlen noch keine Hinweise auf die Bonität dieser Preise möglich ist.

Die Festlegung des möglichen Umsatzsolls gehört deshalb zu den schwierigsten Entscheidungen. Diese können auch mit Hilfe des Break-Even-Point nur im Hinblick auf das anzustrebende Soll erleichtert werden.

Ermittlung der Grenz-Umsatz-Soll-Werte

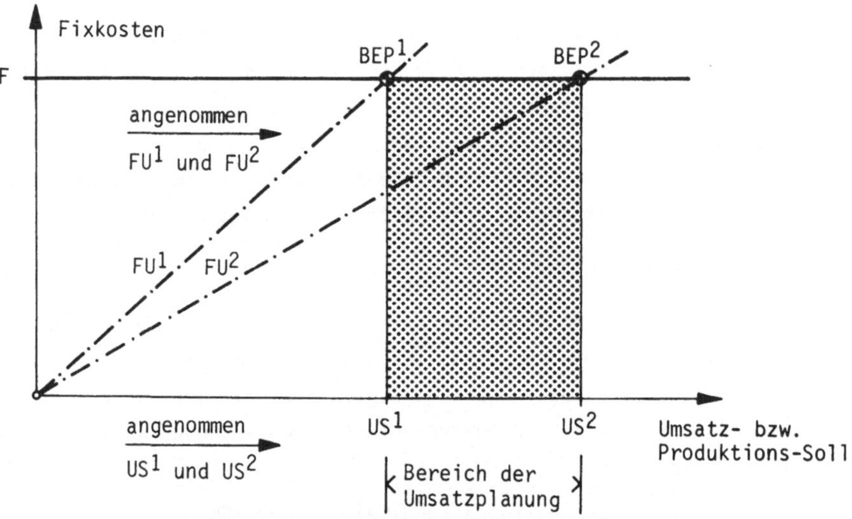

F .... Vorberechnete Fixkosten mit festen Kostenfaktoren
FU^1, FU^2 ... Veränderte Fixkostenumlagefaktoren
US^1, US^2 ... Abhängige Umsatz-Soll-Werte
BEP^1, BEP^2.. Break-Even-Point für FU^1 und FU^2

Aufgrund dieser Voraussetzung ist es also möglich, gewisse wahrscheinliche Bereiche des Umsatzsolls aufgrund von Erfahrungswerten einzuengen. Man kann dabei davon ausgehen, daß die Vollkosten der AGK für den Betrachtungszeitraum kaum variabel sind, da sich die Kostenfaktoren

P e r s o n a l - und S a c h k o s t e n

ja nicht mit kurzfristigen Maßnahmen ändern lassen und deshalb in erster Annahme als fix betrachtet werden können.

Die Variation von möglichen Fixkostenumlagewerten führt dann zu den erforderlichen, anzustrebenden Umsatzgrößen, wobei man natürlich auch aus erwarteten Umsatzgrößen auf die erforderlichen Fixkostenumlagen schließen kann. Die Nichterfüllung dieser Zusammenhänge, bzw. die voraussehbare Nichterfüllung, führt zu der Überlegung des Deckungsbeitrages als Abweichung von den tatsächlich auftretenden Vollkosten.

Der Deckungsbeitrag ist also die Summe von AGK, die

durch eine marktpolitische Umsatzstrategie voraussichtlich erreicht werden kann ;

infolge der möglichen Auftragsbonität in Abhängigkeit der Marktsituation erwirtschaftet wird ;

im Verhältnis zur Größenordnung der erforderlichen Gesamt-AGK (Vollkosten) bemessen wird.

Der Deckungsbeitrag als Abweichung vom Soll-Wert

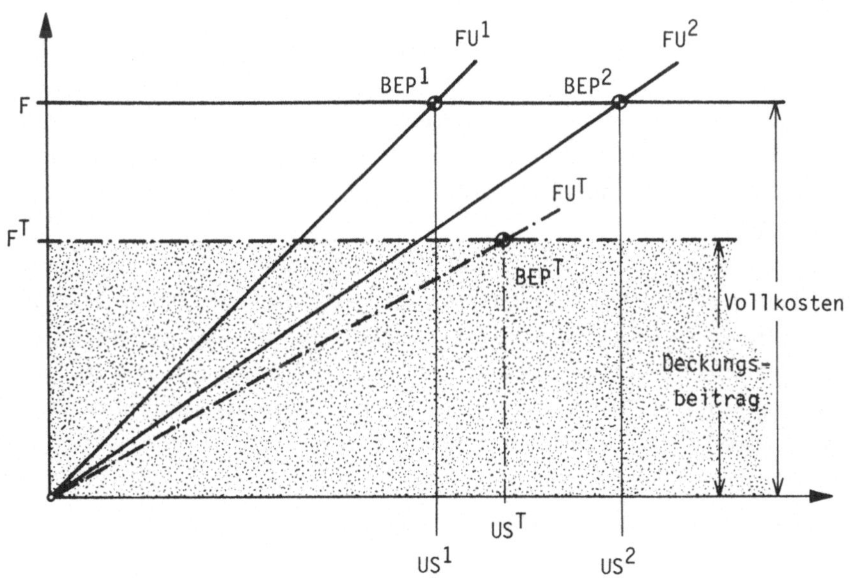

FU^T ...... tatsächliche Fixkostenumlage
BEP^T ..... Break-Even-Point tatsächlich
US^T ...... Umsatz-Soll - tatsächlich Umsatz-Ist
F^T .... Fixkostendeckungsbeitrag

Zur weiteren Untersuchung über den Einfluß der Vollkosten- und Deckungsbeitragsrechnung sind in bezug auf die Kostenverteilung gewisse Vereinfachungen zu treffen :

1. Die Herstellkosten der Produkte werden als variable Kosten definiert. Sie fallen also nur produktabhängig an.

2. Gerätekosten sind variable Kosten. Dies ist in erster Annäherung genügend genau.

3. Alle Kosten der ZN (Niederlassungen) und der HV (Hauptverwaltung) werden als Fixkosten definiert.

Dabei gehören zu den ZN-Kosten auch die Bereichshilfskosten wie Lagerplatz, Werkstätte, Wohnlager, ebenso die technischen Service-Stellen der HV wie technisches Büro, Materialprüfung, Spezialabteilungen, usw.

Diese Annäherung ist deshalb genügend genau, weil die Überlegungen über die Anwendung der Deckungsbeitragsrechnung nur für einen begrenzten Zeitraum möglich sind.

Bei den Betrachtungen wird von folgenden Voraussetzungen ausgegangen :

Zur Erhaltung der unternehmerischen Aufgabe ist es auf Dauer erforderlich, daß durch die Erlöse der Produktion die v o l l e D e c k u n g aller Kosten erzielt wird. Nur auf diese Weise ist eine solvente Geschäftsführung möglich.

Die Anwendung von Teil-Deckungen ist nur für bestimmte Zeiträume zulässig, wobei hier die Forderung erhoben wird, daß die Summe der Deckungsbeiträge in einem vereinbarten Zeitraum wieder die Vollkostendeckung ergeben muß. Dabei ist der mögliche Zeitraum einer Teildeckung begrenzt durch die bei einem Unternehmen vorhandenen Liquiditätsreserven.

$$\int_a^b (\text{DB bei Vollkosten} - \text{DB-Ist})\, dt = \text{Liquiditätsreserve}$$

d.h. die mögliche zeitliche Unterdeckung als Element der Deckungsbeitragsrechnung ist eine Funktion der Liquiditätsreserve.

Mögliche zeitliche Unterdeckung T^U als Funktion der Liquiditätsreserve :

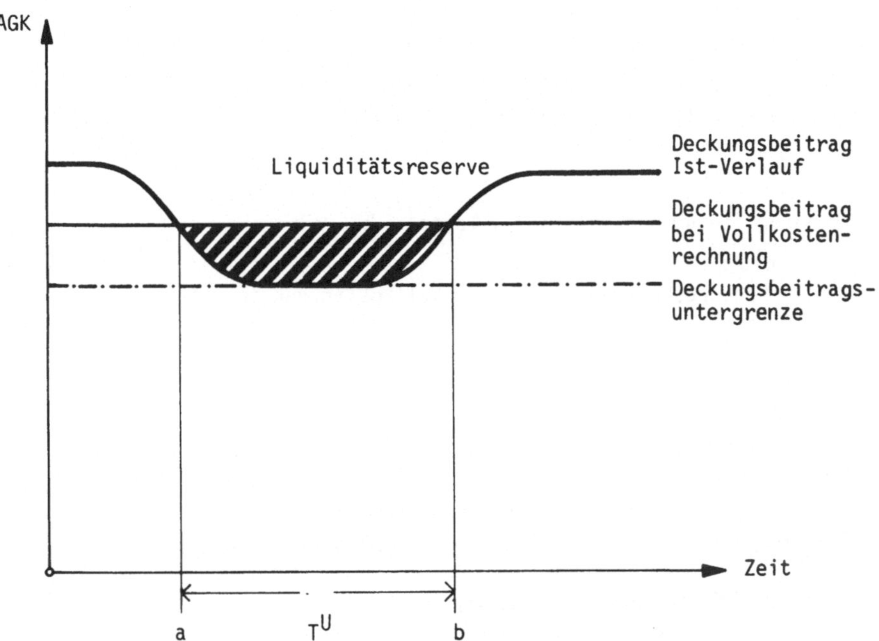

Es genügt für die Belange der Angebotsstrategie vollkommen, wenn die Größe
der Liquiditätsreserven für den Zeitraum der verminderten Beiträge als ganzer
Betrag bekannt ist. Die Aufgliederung der verschiedenen P r e i s s t u f e n
nach Berücksichtigung der verschiedenen Fixkostenbereiche - abhängig vom
Liquiditätsgrad - ist bezogen auf die Kalkulationstaktik kaum anzuwenden.
Dies sicher solange, bis eine direkte Abhängigkeit (variable Kosten) oder
eine Unabhängigkeit (fixe Kosten) der Allgemeinen Geschäftskosten nachgewiesen
ist. Da dies zur Zeit in einer Form, die für die Kalkulationsbelange notwendig zu sein scheint, nicht möglich ist, kann auch auf die Preisstufen-
gliederung verzichtet werden.

Man sollte sich hier also im klaren sein, daß unter der Voraussetzung einer
b e t r i e b l i c h   n o t w e n d i g e n   V o l l k o s t e n r e c h n u n g
die Anwendung der Deckungsbeitragsrechnung mit vermindertem Deckungsbeitrag
der Rechnung mit einem vorgegebenen Verlust gleichkommt.

Auf das Problem der Liquiditätsreserven wird nicht näher eingegangen. Es
soll nur eindringlich festgestellt sein, daß diese Reserven die Voraussetzung für eine zeitlich begrenzte Rechnung mit vermindertem Deckungsbeitrag sein sollten. Daraus ergibt sich aber zwangsläufig, daß auf die
Perioden von vermindertem Deckungsbeitrag wieder eine Periode mit höherem
Deckungsbeitrag - also Gewinn - folgen muß, damit die Liquiditätsre-
serven·wieder aufgefüllt werden und der stabile Vermögensstatus erreicht
wird.

Wir können also grundsätzlich festlegen :

$$\int_{t^0}^{t^1} \text{Deckungsbeitrag} \times dt = \text{Vollkosten AGK im Zeitraum } t^n$$

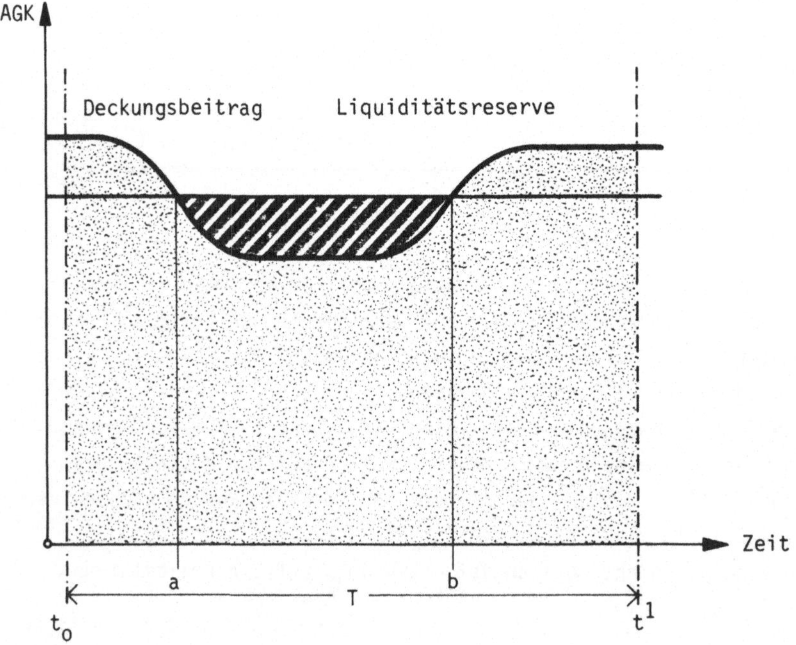

Dabei wird ein besonderer Umstand in der Deckungsrechnung der Bauindustrie
nicht berücksichtigt.
Auch die Rechnung mit der Vollkostenumlage beruht auf einer Zielvorgabe,
deren Richtigkeit erst am Ende eines Zeitraumes festgestellt werden kann ;
d.h. aber :

Auch die Forderung, daß die Bedingung

$$\int \frac{\text{konstanter Deckungsbeitrag C} \times dt}{\text{Umsatzeinheit}} = \text{Vollkosten AGK im Zeitraum } t$$

gilt, setzt voraus, daß der als konstant zu betrachtende Deckungsbeitrag in
Abhängigkeit vom Umsatz ermittelt wird.

Für die Plankostenrechnung ergibt sich folgendes :

Ausgangspunkt für die kalkulative Ermittlung der Fixkostenumlage für einen
Betrachtungszeitraum ist der jeweilige Stand des erwirtschafteten Deckungsbeitrages.
Am Anfang des Betrachtungszeitraumes ist die Zielvorgabe für die Fixkostenumlage :

$$\frac{\text{konstanter AGK-Betrag}}{\text{Zielumsatz}} = \text{konstanter Deckungsbeitrag C}$$

während nach Ablauf eines Teilzeitbereiches sich die Fixkostenumlage für den
Restzeitraum, das ist Betrachtungszeitraum - Teilzeit, wie folgt ergibt :

$$\frac{\text{konstanter AGK-Betrag} \quad - \quad \text{erwirtschafteter AGK-Betrag}}{\text{Zielumsatz} \quad - \quad \text{erbrachter Umsatz}}$$

Aufgrund der Vermögenssituation, und hier insbesondere der liquiden Ver-
mögensteile, kann befristet zur Anpassung an den Markt mit einer verringerten
Deckung angeboten werden.

$$\text{Anpassungs-AGK-Umlage} \quad = \quad \frac{\text{verringerte Deckung}}{\text{Zielumsatz}}$$

Am Periodenanfang $t = 0$ und zu einem beliebigen Zeitpunkt $t = t^n$ ist die

$$\text{Umlage} = \frac{(\text{AGK-Betrag} - \text{Deckungsminderung}) - \text{erwirtschafteter AGK-Betrag}}{\text{Zielumsatz} \quad - \quad \text{erbrachter Umsatz}}$$

wobei der AGK-Betrag näherungsweise als Fixkostenbetrag angesetzt werden kann.

Die Variation der Fixkostenumlage zum beliebigen Betrachtungszeitraume :

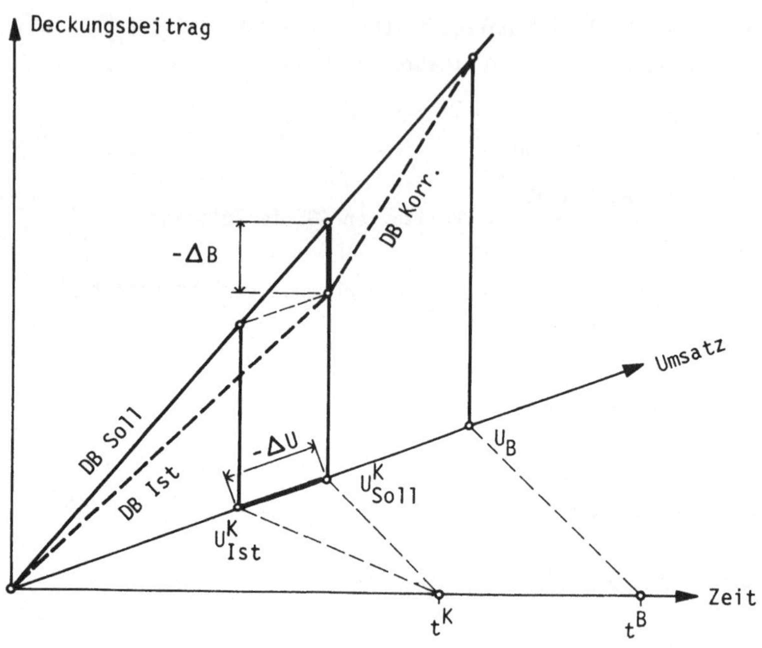

Zum Zeitpunkt O gilt :

  Umsatz ⟶ geplantes Umsatz-Soll mit Fixkostenumlage FU Soll

Zum Zeitpunkt t ergibt sich :

  Umsatz-Soll $\pm$ U = Umsatz-Ist

und da nicht nur der Umsatz abweichen kann, auch die Abhängigkeit

  FU Soll $\pm$ FU = FU Ist

d.h.

  Umlage aus AGK $\pm$ Abweichung der Umlage = tatsächliche Umlage.

d.h. aber weiterhin :

  dem tatsächlichen Umsatz entspricht ein tatsächlich erwirtschafteter

  AGK (F) Betrag.

Die Fixkostenumlage für den Restzeitraum T_{Rest} und den Plan-Restumsatz ergibt sich zu

$$\frac{FU\ Soll}{Rest} = \frac{F\ Betrag\ Rest}{Restumsatz}$$

Man erkennt daraus deutlich, daß die Planzahlen mit fortschreitendem Zeitraum t durch die Ist-Werte ersetzt werden.

Je mehr man sich dem Ende des Berichtzeitraumes nähert, umso schwieriger
wird die Anpassung an die Bedingung, daß im Berichtzeitraum ein vorgegebener
Umlagebetrag erwirtschaftet werden soll.

Bei großen negativen Umsatzabweichungen muß man damit rechnen, daß sich das
Soll an Deckungsbeitrag bei einem realistischen Umlagefaktor nicht mehr
verwirklichen läßt.

Gravierende Folgen lassen sich nur dann vermeiden, wenn noch Liquiditätsreserven im Hinblick auf einen verminderten Deckungsbeitrag vorhanden sind.

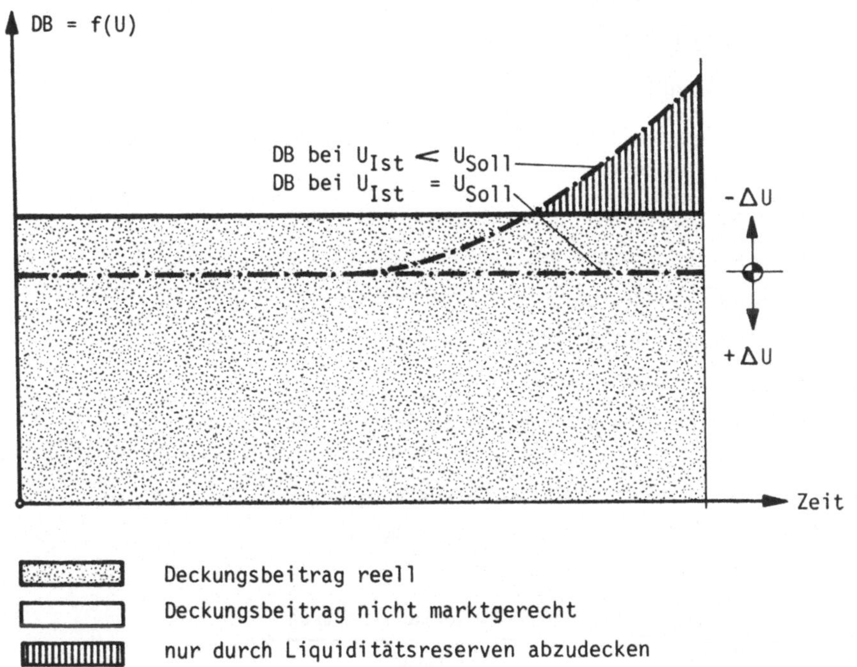

Für die Gesamtfirmensituation ist eine möglichst frühzeitige Anpassung der
wahrscheinlich zu erzielenden Werte an die Ist-Werte wünschenswert, um kurzfristige Einflüsse auf die Vermögenslage und damit die Liquiditätsreserven
zu erfassen.

Die Kontrollwerte werden beim Produktionsablauf durch die Gewinn- und Verlustrechnung erfaßt. Sie dient natürlich auch zur Überprüfung, ob die Kalkulation der Herstellkosten den tatsächlichen Produktionskosten entspricht.

Die Überlegungen bezüglich der Fix-Umlagen sind ja nur dann zutreffend,
wenn die Überlegungen über die zu erzielenden Deckungsbeiträge nicht durch
Abweichungen im Herstellungsbereich gestört werden.

Um zu einer vernünftigen Steuerung der Angebotsstrategie zu kommen, ist
eine möglichst stetige Kontrolle durch die Gewinn- und Verlustrechnung erforderlich. Dies sicher nicht nur wegen der Umlagen, da diese sich ja für
neue Objekte erst in späteren Perioden auswirken, sondern insbesondere für
die Nachkalkulation der Herstellkosten.

Für den Bereich der AGK-Umlagen ergeben sich bei den Kontrollen durch die
Ergebnisrechnung folgende Ist-Situationen :

Annahme Monatszeitpunkt $n \leq 12$ Monate

Die Abweichung von der Zielvorgabe bei nachfolgenden Fällen ist zu untersuchen :

1. Umsatzabweichung $\Delta U = 0$
   umsatzproportionaler Deckungsbeitrag bleibt

2. Umsatzabweichung $\Delta U \geqq 0$
   umsatzproportionaler Deckungsbeitrag verringert sich

3. Umsatzabweichung $\Delta U \leqq 0$
   umsatzproportionaler Deckungsbeitrag vergrößert sich

Für die Überlegungen zum Planziel Deckungsbeitrag ergeben sich aus den
Varianten in den Abweichungen folgende Möglichkeiten :

1. Plansoll ist erreicht $\qquad \Delta D = 0$

$$\text{Deckungsbeitrag in \% Umsatz} = \frac{\text{Rest Deckungsbeitrag}}{\text{Rest-Umsatz}} \%$$

2. Fall 1)

$$\text{Tatsächlicher Deckungsbeitrag} = D^{Plan} - \Delta D$$

$$\text{Rest Deckungsbeitrag} = \frac{\text{Rest Plandeckungsbeitrag} + \Delta D}{\text{Rest-Umsatz}}$$

3. Fall 2)

$$\text{Tatsächlicher Deckungsbeitrag} = D^{Plan} + \Delta D$$

$$\text{Rest Deckungsbeitrag} = \frac{\text{Rest Plandeckungsbeitrag} - \Delta D}{\text{Rest-Umsatz}}$$

Darstellung der Fall-Unterscheidungen :

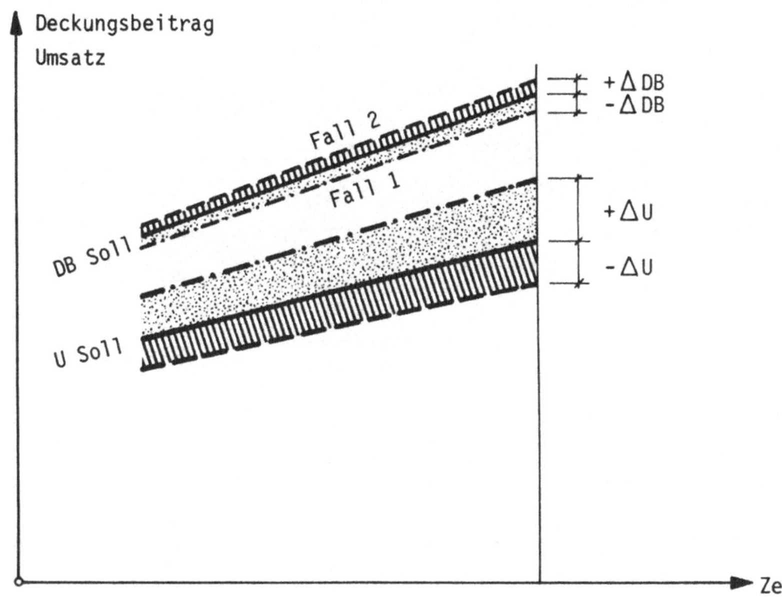

Bei diesen Planzahlen-Überlegungen muß ein Umstand beachtet werden :

Da der Absatz im Baubetrieb vor der Produktion kommt, ist eine Steuerung der Planzahlen nur bedingt möglich.

Die auf einen Kontrollzeitpunkt folgenden Monate können fast nicht beeinflußt werden, da die Produktion von Aufträgen getragen wird, die zu einem viel früheren Zeitpunkt kalkuliert worden sind.

Der Einfluß der Kontrollüberlegung und auch der Marktsituation zum Zeitpunkt der Kalkulation wirkt sich mit einer unregelmäßigen, von der Vergabe des kalkulierten Objektes abhängenden Phasenverschiebung aus.

Dies ist wiederum eine Bestätigung, daß für den Baumarkt und die Planungsstrategie besondere Bedingungen gelten.

Trotzdem sollte man, auch unter Berücksichtigung dieser Zeitphasenver-
schiebung, eine systematische Anwendung von Planungsdaten und Kontrollen
einführen, da damit zumindestens Trendentwicklungen zu erkennen sind.

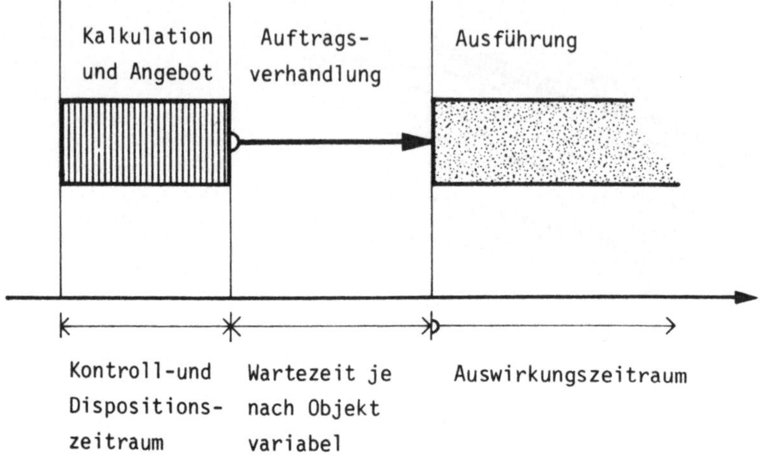

16. NACHKALKULATION

16.1 BEDEUTUNG DER NACHKALKULATION

Nachkalkulieren bedeutet überprüfen, ob die bei einer Auftragskalkulation
angesetzten Leistungs- und Kostenfaktoren während der Bauausführung erreicht,
über- oder unterschritten werden.
Die Notwendigkeit einer solchen Überprüfung ist dem Grunde nach anerkannt,
sie gehört zum integrierten Bestandteil jeder industriellen Tätigkeit. Trotz
dieser Eindeutigkeit wird gerade in der Bauindustrie über die Zweckmäßig-
keit von Nachkalkulationen sehr häufig mit den unterschiedlichsten Auffassungen diskutiert. Meinungsverschiedenheiten entstehen jedoch nicht über
die absolute Notwendigkeit von Nachkalkulationen, sondern über das Maß ihrer
Aussagefähigkeit und einen vertretbaren Aufwand hiefür. Die Problemstellung
liegt also bei der Art,wie Nachkalkulationen sinnvoll, d.h. aussagefähig
und kostengünstig, durchzuführen sind.

Eigene Erfahrungen haben dabei bestätigt, daß die auf der Baustelle schema-
tisch durchgeführte Nachkalkulation nach den Positionen des Leistungsverzeichnisses keine besonderen Erfolge hat und auch häufig keine brauchbaren
Erfahrungswerte liefert.

Um eine sinnvollere Organisation der Nachkalkulation zu konzipieren, soll
deren Bedeutung im Rahmen des Gesamtablaufes nochmals definiert werden.

Der Baubetrieb ist wie alle Tätigkeitsabläufe ein System, das nach kybernetischen Überlegungen definiert und aufgebaut werden kann.

Zugrunde gelegt wird die einfache Gliederung für die Steuerung eines Ablaufes
Zielvorgabe
Kontrolle
Korrektur .

Kybernetisches System des Bauablaufes :

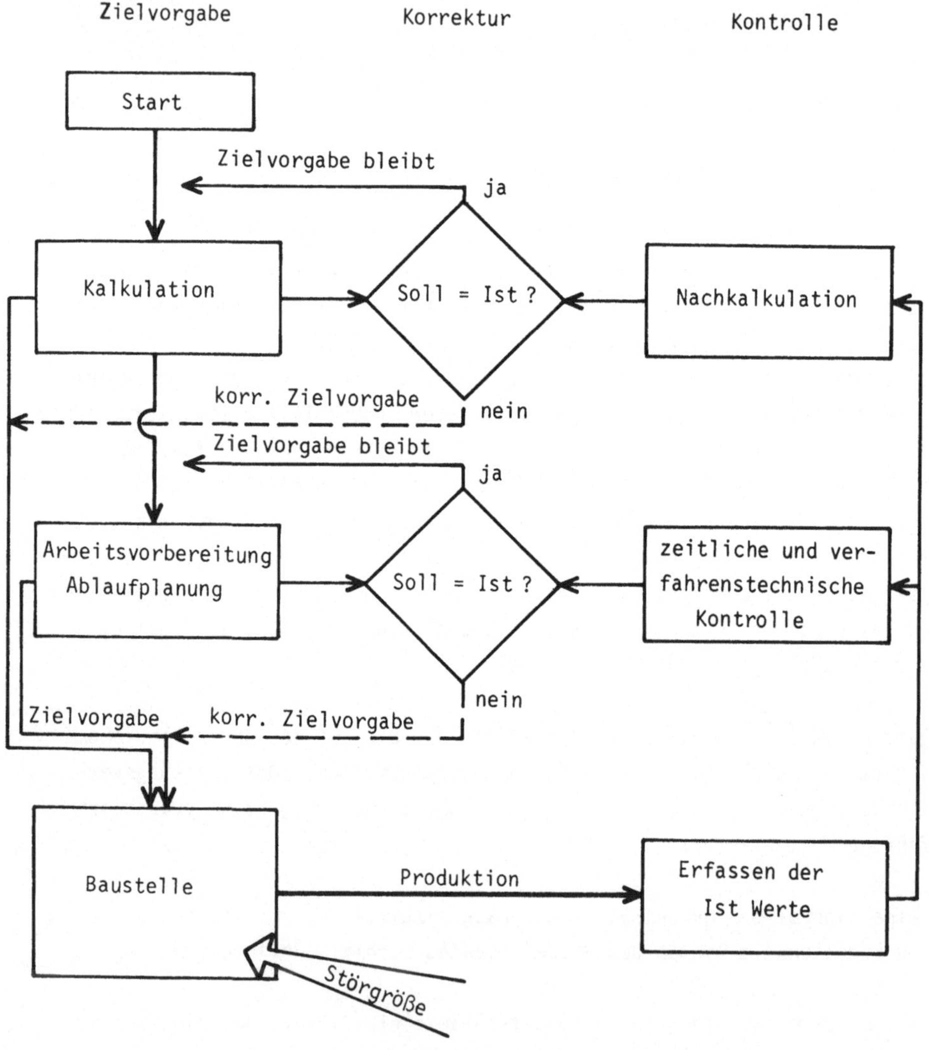

Daraus sind die funktionellen Aufgaben der Kalkulation und Nachkalkulation
für den Betriebsablauf abzuleiten.

143

K a l k u l a t i o n	Zielvorgabe für die Arbeitsvorbereitung (Grundlage der Disposition)
N a c h k a l k u l a t i o n	Kontrolle der Dispositionen Ermittlung der Soll-Ist-Abweichungen bei Leistung und Kosten
P r o j e k t l e i t u n g	setzt Korrekturmaßnahmen in Praxis um

Die Kalkulation hat also nicht nur die Aufgabe, die Preise für ein Angebot zu ermitteln, sondern sie dient der Arbeitsvorbereitung als Grundlage für die verfahrenstechnischen Dispositionen. Sie erfüllt also zwei verschieden geartete Aufgaben :

   Die Aufstellung der verfahrenstechnischen Grundlagen als Voraussetzung für die Kostenfunktion.

   Die Aufstellung der Kostenfunktion zur Ermittlung der Einheitspreise.

Die Nachkalkulation sollte nun so aufgebaut sein, daß die Auswertung aussagefähige Ergebnisse für die beiden obgenannten Teilbereiche der Kalkulation und Arbeitsvorbereitung liefert.

Um für den monetären Bereich aussagefähig zu sein, soll eine Nachkalkulation den gesamten Bereich der Kosten erfassen. Wir bezeichnen dies eine DM- bzw. Schilling-Nachkalkulation.
Um den dispositiven Aufgaben gerecht zu werden, ist der Kapazitätenaufwand und hier hauptsächlich der Stundenaufwand zu untersuchen, was im Rahmen des Gesamtkomplexes Nachkalkulation die größten Schwierigkeiten bereitet.

Der Kalkulation liegt das Leistungsverzeichnis zugrunde. Die Leistung des Baubetriebes wird durch die erbrachten Mengen der Einzelpositionen erfaßt. Es schiene also zwangsläufig richtig, wenn diese Einzelpositionen auch die Grundlage der Stunden-Nachkalkulation darstellen sollten. Dies ist aber nicht unbedingt so und zwar aus folgenden Gründen :

Die Leistungspositionen eines Leistungsverzeichnisses geben nicht immer verfahrenstechnisch zusammenhängende Leistungen wieder. Einzelpositionen haben dann nur Aussagekraft über Teilverfahren und sind daher nur bedingt brauchbar. Gleiche Leistungen werden in den Beschreibungen der Bauherren durch verschiedenartige Positionen und Aufteilungen in Teilleistungen wiedergegeben und sind untereinander nicht vergleichbar.

Die relativ große Zahl an Einzelpositionen ist jedoch überaus unübersicht-
lich für dispositive Maßnahmen.
Dadurch werden zwei Aufgaben

  aus der Kontrolle die Korrektur abzuleiten und
  Erfahrungswerte zu sammeln

nicht hinreichend sorgfältig erfüllt.
Zur Erzielung besserer Ergebnisse sollte man sich von den Positionen des
Leistungsverzeichnisses frei machen und Wertgruppen bilden, die den genann-
ten Aufgaben gerecht werden.

Um eine einheitliche und kompatible Ausgangsbasis zu schaffen, wurde der
Bauarbeitsschlüssel (BAS) entwickelt. Die Aufgliederung des BAS ist sehr
stark differenziert, um alle Bauaufgaben zu erfassen. Hier kann man für die
verschiedenen Bausachgebiete relevante BAS-Gruppen bilden, die eine rasche
Beurteilung der Baustellen-Situation ermöglichen und Erfahrungswerte für
ähnlich zu beurteilende Objekte darstellen.

Ein wesentlicher Anteil des Erfolges einer Nachkalkulation liegt ja darin,
daß die Projektleitung kurze, aussagefähige Informationen bekommt. Eine Fülle
an EDV-Ausdrücken führt nicht zu einem besseren Informationsgrad, in vielen
Fällen erreicht die große Papiermenge eher das Gegenteil.

Die gleichen Überlegungen gelten für den Aufbau der Kosten-Nachkalkulation.
Die Gesamtkosten sollen in eine möglichst geringe Anzahl von Kostenarten,
die den Hauptaufwand entsprechend der Wertigkeit repräsentieren, aufgegliedert werden. Dabei genügt es oft, sich an die Aufgliederung der Kalkulation
zu halten.

Die Schwierigkeit bei der Durchführung liegt in der Zusammenarbeit mit dem
kaufmännischen Rechnungswesen. Hier ist eine gegenläufige Tendenz zu beobach-
ten. Der Kontenrahmen des Rechnungswesens wird immer umfangreicher. Dadurch
wird es immer schwieriger, die danach aufgeteilten Kosten den Kostenarten
der Kalkulation und Nachkalkulation zuzuordnen. Die Voraussetzung für die
Aussagefähigkeit der Nachkalkulation sind aber richtige Zuordnungen. Entspricht die Zuordnung der einzelnen Kosten zu den jeweiligen Kostenarten
nicht den Kalkulationsannahmen, so liefert die Nachkalkulation falsche Ver-
gleichswerte. Diese führen zwangsläufig zu Fehlinterpretationen, aus denen
sich falsche Korrekturmaßnahmen für die Ablaufsteuerung der Baustelle ergeben.

16.2 ORGANISATIONSPROBLEME DER NACHKALKULATION

Das Wesentliche in der Nachkalkulation ist ein aussagefähiges Ergebnis, das
schnelle Korrekturmaßnahmen zuläßt. Dies hängt - speziell bei Zuhilfenahme
der EDV - nicht nur von der Qualität des Nachkalkulationsprogrammes ab,
sondern in besonderem Maße von der Art,wie es durchgeführt und dem Projekt-
Management unterbreitet wird. Eine geeignete Betriebsorganisation ist hier
Voraussetzung.

16.2.1 Organisationsform

Es ist häufig der Fall, daß die Nachkalkulation auf der Baustelle durch die
Bauleitung durchgeführt wird. Die Ergebnisse sind gesamtbetrieblich betrachtet nicht immer positiv, da die Art,wie die Nachkalkulation zu interpretieren
ist, wesentlich zum Erfolg beiträgt. Jede Baustelle hat zwangsläufig ihre
spezifische Art und dies führt zu einer Vielfalt in der Nachkalkulation, die
nur schwer zu einem einheitlichen Gesamtbild zusammengefügt werden kann.
Auch die subjektive Beurteilung der Nachkalkulation durch die Baustelle kann
zu Diskrepanzen führen.

Sinnvoller erscheint eine Nachkalkulationsgruppe in der Niederlassung; sie
soll mit der Durchführung der Nachkalkulationen aller Baustellen beauftragt
werden. Zweckmäßig ist es, die Gruppe im Gesamtrahmen der Arbeitsvorbereitung zu installieren. Damit ist die kybernetische Kontinuität Z i e l -
v o r g a b e , K o n t r o l l e , K o r r e k t u r , gewahrt.

Die Schwierigkeit bei diesem System besteht darin, daß eine Stabsstelle nur
sehr schwer den erforderlichen Kontakt mit der Baustelle erhält, oft sogar
als ein störender Fremdfaktor betrachtet wird. Hier ist es notwendig, Teamarbeit zu praktizieren, damit sich die B a u s t e l l e mit der
f ü r s i e und m i t i h r   aufgestellten Nachkalkulation identifi-
zieren kann.
Aus den vorgenannten Gründen setzt sich das Bearbeitungsteam zweckmäßigerweise aus folgenden Mitgliedern zusammen :

O b e r b a u l e i t e r
B a u l e i t e r
S a c h b e a r b e i t e r der Gruppe Nachkalkulation.

16.2.2 Diskussion und Korrektur

Aufgrund von Erfahrungen erscheint es wenig sinnvoll, wenn die Ergebnisse
der Nachkalkulation als " geheime Betriebssache " betrachtet werden und nur
wenigen zugänglich sind. Positiv wirkt es sich aus, wenn im monatlichen
Turnus die Ergebnisse in einer Arbeitsbesprechung, an der neben der
G e s c h ä f t s l e i t u n g die O b e r b a u l e i t e r , S a c h -
b e a r b e i t e r der Nachkalkulation und die K a l k u l a t i o n s -
a b t e i l u n g teilnehmen, diskutiert und auch sofort die Korrekturmaßnahmen festgelegt werden.

Es mag sein, daß anfangs Schwierigkeiten bestehen, negative Ergebnisse sachlich zu diskutieren, da die Neigung verständlich ist, Negativabweichungen
im eigenen Bereich zu positiv zu betrachten. Wenn man jedoch von dem Grundsatz ausgeht, die Ergebnisse zu analysieren - ohne die Verantwortlichen zu
bewerten - kommt man sehr schnell zu einer positiven Einstellung, Fehlläufe
im Baustellenbereich sachlich und eingehend zu analysieren. Dies ist die
wichtigste Voraussetzung für die Ausarbeitung von brauchbaren Korrekturmaßnahmen. Diese haben umsomehr Erfolgsaussichten, wenn sie den Betreffen-
den nicht angeordnet, sondern mit ihnen gemeinsam entwickelt werden.

16.2.3 Terminablauf

Das System der Baustelle hat wie alle Produktionsbetriebe eine beträchtliche
Eigenträgheit, die dazu führt, daß Korrekturmaßnahmen erst mit erheblichem
Nachlauf zu wirken beginnen. Um dem entgegenzuwirken, ist eine systematische
Kontrolle in vertretbar kurzen Zeitabständen notwendig.

Aus den Voraussetzungen für die Nachkalkulation, d.h. dem Vorhandensein der
Ist-Werte, ist hier eine organisatorische Grenze gezogen. Da in einem modernen
Baubetrieb das Rechnungswesen eine monatliche Ergebnisrechnung aufstellt,
ist es naheliegend, auch die Nachkalkulation monatlich aufzustellen. Der Zeit-
abstand ist genügend eng, um bei sorgfältiger Arbeit eine echte Trendentwicklung erkennen zu können.
Folgendes ist noch zu beachten : Die Ergebnisse des Rechnungswesens liegen
frühestens am 20. des darauffolgenden Monates vor. Die Ergebnisse der Nachkalkulation können bis Monatsende fertig sein. Sie haben also einen Nachlauf
von einem Berichtsmonat. Schon daraus kann man erkennen, wie sehr Steuerungsmaßnahmen für Baustellen der Produktion hinterher laufen.

Terminablauf der Nachkalkulation

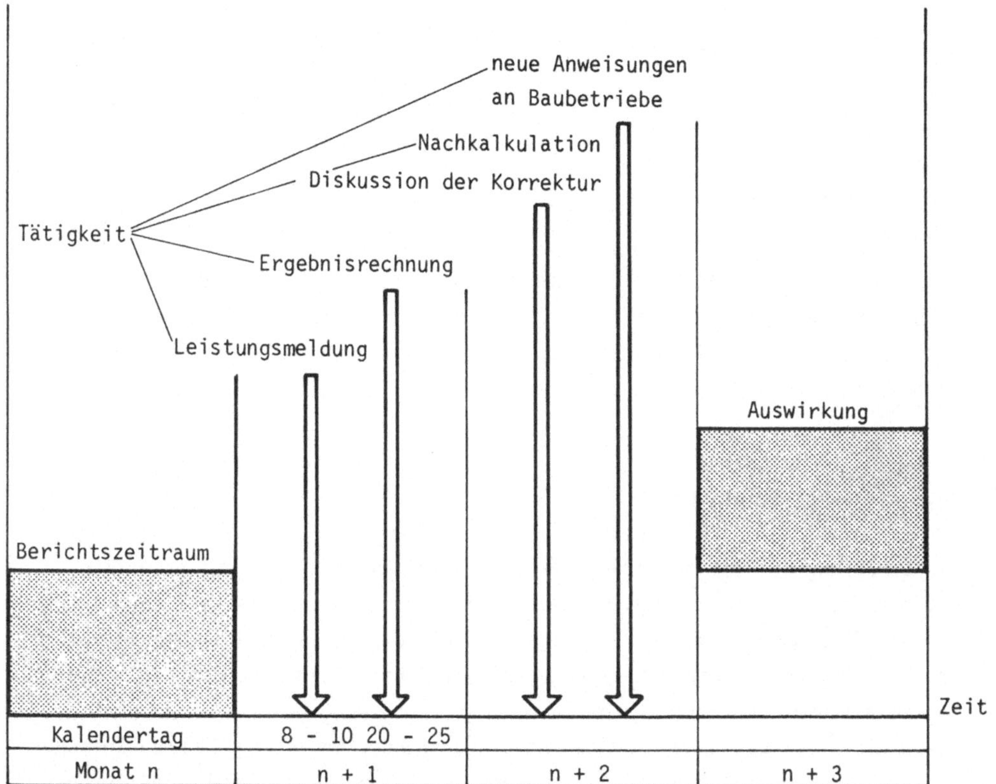

Kalendertag	8 - 10	20 - 25		
Monat n	n + 1		n + 2	n + 3

16.3 SYSTEME DER NACHKALKULATION

Wie alle kalkulativen Arbeiten ist auch die Nachkalkulation mit erheblichem
Rechenaufwand verbunden. Will man zentral mehrere Baustellen zum gleichen
Turnuszeitpunkt überprüfen, sind schon die daraus entstehenden Organisations-
probleme nicht einfach zu lösen.

Grundsätzlich besteht auch heute noch die Möglichkeit, Nachkalkulationen
per Hand durchzuführen. Dies ist besonders bei kleineren, aber schwierigen
Baustellen eine durchaus positiv zu bewertende Möglichkeit. Die Ausführung
per Hand hat den Vorteil, daß sich der Kontrollingenieur schon durch die
Schreibtätigkeit intensiv mit der Materie beschäftigen muß und so manche
Unklarheiten beseitigen kann, was ja gerade bei schwierigen Bauabläufen notwendig ist.

Für große Bauvorhaben ist es sicher von Vorteil, daß der bei umfangreichen
Leistungsverzeichnissen anfallende Rechenaufwand mit Kleincomputern erledigt wird. Das Aufstellen entsprechender Programme bereitet heute keine
Schwierigkeit mehr. Hier erscheint auch die erste Stufe für eine integrierte Bearbeitung von Bauaufträgen mit Hilfe der elektronischen Datenverarbeitung möglich.
Sie ist dann gegeben, wenn

   Kalkulation
   Abschlagsrechnung und
   Nachkalkulation

mit einem zusammenhängenden Programm abgewickelt werden kann. Dabei muß man
sich im klaren sein, daß diese erste Stufe nur Soll-Ist-Vergleichswerte als
Entscheidungshilfen liefert und der Weg zu globaleren Entscheidungsmodellen
sicherlich noch sehr weit und mühsam ist.

16.3.1 Nachkalkulation mit EDV

Die Erfahrung bei der Anwendung der verschiedenen Nachkalkulationssysteme
hat gezeigt, daß der Erfolg im wesentlichen von der sorgfältigen Bearbeitung
der Detailaufgaben abhängt. Im Folgenden soll das Bearbeitungsschema der
Nachkalkulation für einen Kleincomputer mit acht Kostenarten ein mögliches
System ausführlicher erläutern.
Die am Ende der einzelnen Punkte des Bearbeitungsschemas angeführten Seitenzahlen verweisen auf die jeweils zugehörigen Seiten zweier praktisch durchgeführter Nachkalkulationen am Ende dieses Kapitels.

Bearbeitungsschema :

1. Aufstellen des BAS und des Kostenschlüssels für alle Positionen des LV
   einschließlich der umgelegten BGK :

   Zweckmäßigerweise erfolgt diese Festlegung in Teamarbeit, damit schon in
   diesem Stadium alle Belange der an der Durchführung des Objektes Beteiligten berücksichtigt werden. Vor allem sind dabei die Überschneidungen
   der verschiedenen Sachgebiete, insbesondere Kalkulation und Buchhaltung,
   zu erfassen.

Im Team sollten vertreten sein :

Baustelle (Bauleiter - Oberbauleiter)
Arbeitsvorbereitung (Durchführung der Nachkalkulation)
Kalkulation (Aufarbeitung der Auftragskalkulation)
Buchhaltung und Lohnbüro (Lieferung der erforderlichen Ist-Werte).

Der Erfolg der gemeinsamen Festlegung liegt dabei in der größtmöglichen
Beschränkung auf die für das zu untersuchende Objekt relevanten Werte.
Eine schematische, allgemeine Anwendung des BAS und der Kostenschlüssel
sollte vermieden werden.

zu 1. Seite 153 BAS
       Seite 154 Kostenschlüssel

2. Aufschlüsseln der Kalkulation nach BAS und Kostenschlüssel :

Die Basis für eine erfolgreiche Nachkalkulation ist die sorgfältige Aufarbeitung der Auftragskalkulation. Hier treten erfahrungsgemäß die meisten
Detailschwierigkeiten auf. Der Idealfall wäre sicherlich, wenn die Kalkulation schon im Angebotsstadium nach diesen Richtlinien aufgestellt
werden könnte. Die mengenmäßig ungünstige Relation zwischen tatsächlich
erhaltenen Aufträgen und erforderlichen Bearbeitungen würde einen zu
großen allgemeinen Aufwand erfordern. Auch hier ist die Zusammenarbeit
im Team unbedingt erforderlich. Besonders wichtig ist die Abstimmung mit
der Buchhaltung, damit die Gewähr gegeben ist, daß dem Kostenschlüssel
eindeutige Konten des Buchhaltungskontenrahmens zugeordnet sind. Falsche
Zuordnungen können das Ergebnis einer Nachkalkulation in Frage stellen
und zu Fehlinterpretationen führen.

zu 2. Seite 155

3. Eingabe in das EDV-Programm :

Die nach Punkt 2. aufgeschlüsselte Auftragskalkulation wird auf einem
Datenträger (Magnetbandkassette o.ä.) gespeichert. Zur Kontrolle der
vollständigen Aufschlüsselung wird ein Kontrollausdruck mit den Auftrags-
massen und der Auftragssumme ausgewiesen.

Das hier angewandte Programm läßt leider noch keine Summation der acht
Kostenarten zu. Dies erschwert den Arbeitsgang bei der Suche nach Fehlern
in der Aufschlüsselung.

zu 3. Seite 156

4. Kurz-LV :

Zur Erfassung der Leistung von Baubeginn bis zum Stichtag der Untersuchung ist eine Leistungsmeldung erforderlich. Sie erfolgt über eine
eigene Programmkassette und enthält Vordersatz, Kurzbezeichnung, Einheitspreis, Gesamtpreis. Dieses Programm wird bei einer monatlichen
Untersuchung jeweils um die im Berichtsmonat geleisteten Massen ergänzt
und liefert die Leistung per Ende des Berichtsmonates.

Die Genauigkeit der ganzen Untersuchung hängt also für den Bereich der
Ist-Werte von der Genauigkeit der Leistungserfassung ab. Wie schwierig
sich die Abgrenzungen bei Teilleistungen von LV-Positionen und Nachtrags-
leistungen gestalten können, erkennt man bei der ersten praktischen Anwendung.
Es ist deshalb nicht berechtigt, von der Nachkalkulation eine nicht
mögliche, rechnerische Genauigkeit zu verlangen ; wesentlich erscheint
jedoch die generelle Trendaussage.

zu 4. Seite 157

5. Erfassung der Stunden-Ist-Werte :

Die nach BAS aufgegliederten Stunden im Berichtzeitraum werden im Lohnbüro gesammelt. Sie dienen als Grundlage für die Lohnabrechnung und ergeben als Nebenprodukt des Lohnabrechnungsprogrammes eine Auflistung der
angefallenen Stunden per Ende Berichtszeitraum, d.h. also den Ist-Stunden-
Wert der Baustelle.

zu 5. Seiten 158, 159, 160, 161

6. Ermittlung der Soll-Werte der Kostenschlüssel :

Die Werte der monatlichen Leistungsmeldung werden gesondert in die Liste
der aufgeschlüsselten Auftragskalkulation eingegeben und damit die Soll-
Werte der Kostenarten per Ende Berichtszeitraum ermittelt.
Bei diesem Arbeitsgang liegen noch gewisse Nachteile der Kleincomputer-
programme vor, da es nicht möglich ist, aus den Massen des Kurz-LV direkt
die Soll-Werte nach Kostenaufschlüsselung abzurufen.

zu 6. Seite 159

7. Die Gemeinkosten werden - soweit sie umgelegt werden, also nicht in besonderen Positionen ausgewiesen sind - zweckmäßigerweise gesondert in Abhängigkeit des Leistungsstandes ermittelt. Hier hat sich eine kurze
   Nebenrechnung, die die Ansätze der Kalkulation am besten erfassen kann,
   gut bewährt. Diese Werte sind den übrigen Soll-Werten dazuzurechnen.

   zu 7. Seite 162

8. Soll-Ist-Vergleich BAS-Stunden :

   Aus den Programm-Soll-Werten und den Ist-Werten des Lohnbüros kann durch
   Eingabe in das Programm der BAS-Soll-Ist-Vergleich erstellt werden.

   zu 8. Seiten 163 und 164

9. Soll-Ist-Vergleich Kostenschlüssel :

   Die Ist-Werte für den Soll-Ist-Vergleich liefert die Buchhaltung aus dem
   zentralen Rechnungswesen. Da dieses betrieblich sehr unterschiedlich aufgebaut sein kann, ist die Auswertung der Ist-Werte auch betriebsbedingt
   auszuführen.

   zu 9. Seiten 165 und 166 als Beispiel

10. Gesamt-Soll-Ist-Auswertung :

    Nachteile der EDV-Bearbeitung von Planungsunterlagen liegen darin, daß
    zuviele Unterlagen gesichtet werden müssen.

    Um zu vermeiden, daß auch die Ergebnisse der Nachkalkulation dieser
    " zuviel Papier-Mißachtung " zum Opfer fallen, wird dringend empfohlen,
    eine Kurzzusammenfassung zu erstellen. Diese wird händisch ausgeführt und
    gibt Gelegenheit, echte Unverträglichkeiten im Ergebnis der EDV-Bearbei-
    tung zu überprüfen. Sie ist die komprimierte Soll-Ist-Information einer
    Baustelle.

    zu 10. Seite 167

16.3.2 Nachkalkulation ohne EDV

Grundsätzlich erfolgt sie nach den gleichen Gesichtspunkten wie mit Hilfe der
EDV. Sie erfordert eben mehr Zeitaufwand für die notwendigen Rechenopera-
tionen und aus diesem Grunde entschließt man sich häufig, nur einen Stunden-
Soll-Ist-Vergleich durchzuführen.

Eine umfassende Trendanalyse ist damit allerdings nicht möglich, da der Soll-Wert der übrigen Kosten durchaus die Aussage aus der Stunden-Nachkalkulation umkehren kann. Eine vernünftige verfahrenstechnische Steuerung ist aber nur dann möglich, wenn - entsprechend dem Aufbau der Kosten und Produktionsformel - alle Faktoren mit ihrer gegenseitigen Beeinflussung untersucht werden.

Bei der händischen Nachkalkulation macht die Auswertung der LV-Positionen nach BAS und Kostenschlüssel den größten Aufwand aus. Sie erfolgt zweckmäßig in tabellarischer Form, wobei für Stunden und Kosten getrennte Formulare übersichtlicher erscheinen. Wichtig ist auch hier wieder eine kurze Zusammenfassung, die einen schnellen Überblick über den Soll-Ist-Vergleich liefern soll.

siehe dazu : Seiten   168 bis 171

BEISPIEL EINER NACHKALKULATION : Brücke Ortenburg

zu 1. Kostenartenschlüssel :

1. Löhne mit Polier

2. Sonstige Stoffe + Gehälter + Eigenschalung

3. Geräte : Eigenstellung

4. Fremdleistung allgemein, Erdarbeiten, Träger versetzen

5. Baustahl verlegen, Fremdleistung

6. Geländer, Lager, Übergangskonstruktion

7. Baustahl, Spannstahl für Fertigteile

8. Transportbeton

zu 1. BAS - Aufteilung :

0 Einrichtung

01 000 Std.   Einrichtung auf- und abbauen, Baracken, Buden, Container,
              elektrische Anschlüsse, Wasser usw.
01 100 Std.   Wasserhaltung
02 000 Std.   Behelfsbrücke aufbauen, abbauen, einschließlich aller Neben-
              arbeiten
03 100 Std.   Kiesauffüllung für Fertigteilverlegung
03 200 Std.   Planie für Fertigteilherstellung, Kranbahn auf- und abbauen
08 000 Std.   Gemeinstunden (Magaziner, Vermessungsgehilfe, Busfahrer usw.)

1 Erdarbeiten

13 100 m^3 Aushub, hinterfüllen, verdichten, Beihilfe bei Geräteeinsatz,
               nachputzen
13 300 m^3 Handschachtung (kleine Fundamente, Gräben usw.)

3 Betonarbeiten

31 100 m^2 Sauberkeitsschicht, einschließlich Planie
32 110 m^2 Fundamentbeton
32 120 m^3 Stützenbeton, Querträgerbeton
32 130 m^3 Widerlagerbeton
32 600 m^3 Ortbeton
32 700 m^3 Gesimsbeton

4 Bewehrungsarbeiten

32 100 to   Bewehrung schlaff (ohne Fertigteile) Fremdleistung
42 200 Std. Beihilfe Bewehrung schlaff, Spannstahl für Fertigteile,
             einschließlich Abstandhalter, vorspannen, verpressen, Fremd-
             leistung

5 Maurerarbeiten

57 00 Std. Isolierungsarbeiten, Fugenausbildung, Bänder usw.
58 100 Std. Versetzarbeiten (Tropftüllen, Randsteine, Einlaufschächte,
             Rahmen usw.) Pflaster - Hintermauerung, keine Übergangs-
             konstruktion, Lager, Gelände

6 Schalarbeiten

62 00	Std.	Schutz-, Hilfs- Arbeitsgerüste
65 110	m^2	Fundamente schalen
65 120	m^2	Stützen schalen
65 130	m^2	Widerlager schalen
65 700	m^2	Gesimse schalen, einschließlich Vorbereitung und aller Nebenarbeiten, wie 116 Hülsendübel einbauen usw.
65 190	Std.	Schalung für Fertigteile vorbereiten (Böcke, Schalhaut, Schalboden)
65 920	Std.	Schalung für Fertigteile ein- und ausschalen, betonieren ausbessern, verschieben
69 000	m^2	Sonstige Schalarbeiten, z.B. Ortbetonplatte

8 Sonstige Arbeiten

84 110	Std.	Beihilfe Geländer, Leitplanken
84 120	Std.	Übergangskonstruktion einbauen
84 130	Std.	Lager einbauen - Meßpunkt
85 000	Std.	Kran, Baggerfahrer, soferne nicht für die Fertigteile tätig
85 100	Std.	Baggerfahrer für Fertigteile
89 000	Std.	Fertigteile verlegen
91 000	Std.	Aufsicht, Polier
94 100	Std.	Regie, Bauherr, Dritte, Subunternehmer

Objekt: Brücke Ortenburg   Los: ______   Titel: ______   Seite ______

Pos.	Menge	E.	Leistungsbeschreibung — Kostenentwicklung	Std.		Stoffk.	Gerät	Fremdl.	Kennziffern Std.	Stoffk.	Gesamtansätze der LV.-Positionen 20,30 DM 13=4x6	14=4x7	1,06 15=4x8	Gerätek. 16=4x9	Fremdleistg. 17=4x10	Leist. ohne Aufschlag 18
1	2	3	4 / 5	6	7	8	9	10	11	12	13=4x6	14=4x7	15=4x8	16=4x9	17=4x10	18
			Stoffkosten als BAS 0.001 eingeben													
23	7,00	m³	Bn 250 Widerlager Mauern													
			1,00 m³ Beton einbauen	2,00		6,00			32.130	2	2,00		6,00			
			m³ Beton			64,80				8			64,80			
			5,00 m² Schalung	2,70		5,00			65.130	2	13,50		25,00			
			1,50 Std Gerüste	1,00					62.000	1,50						
											17,00		95,80			(446,65)
24		m³	Bn 350 Kappenbeton													
			1,00 m³ Beton einbauen	10,38		2,00			32.700	2	10,38		2,00			
			m³ Beton			97,20				8			97,20			
											10,38		99,20			(315,86)
25		m²	Bitum.Dichtungsanstrich													
			0,22 Std Anstrich	1,00					57.000		0,22					
			Anstrichmasse			2,48				2			2,48			
											0,22		2,48			(7,07)
26		m	Bordstein versetzen													
			0,05 Std Beihilfe	1,00					58.100		0,05					
			Bordsteine			1,00				2			1,00			
			Fremdleistung versetzen					52,00		4					52,00	
											0,05		1,00		52,00	(56,16)
27 A		to	Baustahl 22/34 Gu													
			1,00 Std Beihilfe	1,00			15,00		42.100	3	1,00			15,00		
			to verlegen Fremdleistung					434,09		5					434,09	
			to Stahlkosten			1030,00				7			1.030,00			
											1,00		1.030,00	15,00	434,09	(1579,48)

PROGR: KOSTENKONTR.   SEITE : 9   DATUM : 8.10.1975
AUFTRAGS-BEZ: BROCKE ORTENBURG   NR: 80.160   ZEITRAUM SEPTEMBER 1975

I-NR POS/BAS	MENGE	EINH.	TEXT	STD	STOFF	GERÄTE	FREMDL.	SCHL A+V	STA TRAP	SONST-1	SONST-2
193 23	7.000	CBM	BN 250 WIDERL.MAUERN								
194 : 32.130	1.000	CBM	BETON EINBAUEN	2.000	6.00						
195 : .001		CBM	BETON								64.80
196 : 65.130	5.000	QM	SCHALUNG	2.700	5.00						
197 : 62.000	1.500	STD	GEROSTE	1.000							
198 24		CBM	BN 350 KAPPENBETON								
199 : 32.700	1.000	CBM	BETON EINBAUEN	10.380	2.00						
200 : .001		CBM	BETON								97.20
201 25		QM	BITUM. DICHTUNGSANSTR.								
202 : 57.000	0.220	STD	ANSTRICH	1.000							
203 : .001			ANSTRICHMASSE		2.48						
204 26		M	BORDSTEINE VERSETZEN								
205 : 58.100	0.050	STD	BEIHILFE	1.000							
206 : .001			BORDSTEINE		1.00						
207 : .001			FREMDLEISTUNG				52.00				
208 27 A		TO	BAUSTAHL 22/34 GU								
209 : 42.100	1.000	STD	BEIHILFE	1.000	15.00						
210 : .001		TO	VERLEGEN FREMDLEISTUNG					434.09			
211 : .001		TO	STAHLKOSTEN							1030.00	
212 27 B	11.000	TO	BAUSTAHL 42/50 RU								
213 : 42.100	1.000	STD	BEIHILFE	1.000	15.00						
214 : .001		TO	VERLEGEN FREMDLEISTUNG					434.09			
215 : .001		TO	STAHLKOSTEN							1030.00	
216 28		M	STEINZEUGROHRE NW700		13.00						
217 : 58.100	0.800	STD	VERLEGEN	1.000							
218 : .001			STEINZEUGROHRE								

```
PROGR: LV                                                    SEITE  5
ANGEBOTS-BEZ: BRÜCKE ORTENBURG  SV - LEISTUNG : SEPTEMBER 1975 - NR: 80.160

I-NR   POS      MENGE  EINH        TEXT          EINH-PREIS    GESAMTPREIS

67  54.023      7.000  CBM  BN 250 WIDERLAG.       446,65       3.126,55
68  54.024             CBM  BN 350 KAPPENBET.      315,86
69  54.025             QM   BIT.DICHTUNGSANSTRICH    7,07
70  54.026             LFM  BORDSTEINE              56,16
71  54.027 A           TO   BST 22/34
72  54.027 B  11.000   TO   BST 42/50            1.579,48      17.374,28
73  54.028             LFM  STEINZEUGROHRE NW 200   30,02
74  54.029             LFM  ABDECKUNG M.FILTERST.   10,66
75  54.030             LFM  FILTERROHRE NW 150      15,56
76  54.031             QM   KIESFILTERPL.           27,64

77  SUMME TITEL :           IV.WIDERLAGER                      86.974,35



PROGR: LV                                                    SEITE 13
ANGEBOTS-BEZ: BRÜCKE ORTENBURG  SV - LEISTUNG : SEPTEMBER 1975 - NR: 80.160

I-NR   POS      MENGE  EINH        TEXT          EINH-PREIS    GESAMTPREIS

                       ZUSAMMENSTELLUNG

  4        TITEL :          I. EINSTUFUNG MLC
 12        TITEL :         II. BAUST.EINRICHTUNG              94.209,39
 38        TITEL :        III. PFEILER                        98.263,90
 77        TITEL :         IV. WIDERLAGER                     86.974,35
122        TITEL :          V. ÜBERBAU                        55.651,39
131        TITEL :         VI. SONSTIGE LEISTUNG             149.903,03
158        TITEL :        VII. STUNDENLOHNARB.                 1.775,90
161        TITEL :             LOHNNEBENKOSTEN                25.339,00
179        TITEL :       VIII. ZUSATZARBEITEN                 48.847,01
180        LOS   :        TITEL : I - VIII                   560.963,97
189        LOS   :          IX. FERTIGTEILE                  308.695,18

       GESAMTSUMME :  S V - B A U W E R K  2                 869.659,15
```

Tagesbericht
(Schichtbericht)

Brücke Ortenburg
Baustelle

BAS/Pos.	Bezeichnung
0 1 0 0 0	Einrichtung
3 2 1 3 0	Widerlager betonieren
6 5 1 2 0	Stützen schalen
9 1 0 0 0	Aufsicht

Schicht von _______________ bis _______________

Witterung: * _______________

Temperatur   Tag: _______________

Nacht: _______________

KA	Firma	NDL	Kostenst.-Nr. (15 ... 20)	Datum Tag (21 22) Monat (23 24)
7 3			8 0 1 2 6 0	1 2 0 8

Stamm-Nr. (8 ... 14)	Name, Vorname	Ges.-Tg.-Std nicht lochen	BAS (25)	Std. (30)	BAS (33)	Std. (38)	BAS (41)	Std. (46)	BAS (49)	Std. (54)	S (57)	Std. (59)	S (62)	Std. (63)	S (66)	Std. (68)	S (71)	Std. (73)	S (76)	Std. (78 80)
6 8 0 1	Greilinger Josef	10 0	9 1 0 0 0 1	0,0																
6 4 37	Huber Johann	10 0	0 1 0 0 0 0	2,0	3 2 1 3 0 0	6,0	6 5 1 2 0 0	2,0												
6 9 02	Kasberger Max	9 0	3 2 1 3 0 0	6,0	6 5 1 2 0 0	3,0														

Lohnausfall | Zulagen: 1 = Nacht, 2 = Sonntag, 3 = Ftg. 100%, 4 = Ftg. 150% | Zusätzliche Prämien-Stunden | Erschwernis-Zulagen — Schlüssel, siehe Deckblatt | E - Entlassen

Kolonnenführer:	Bauleiter:	Lohnbüro Eing.-Datum	geprüft	gelocht	geprüft

* Witterung
R — Regen
Sch — Schnee
F — Frost
N — Nebel
St — Sturm
B — bedeckt
S — sonnig

K O S T E N T R Ä G E R L I S T E   -08-10-1975-

FIRMA 017 82   SUBUNTERNEHMER   8000 MÜNCHEN 15   SEPTEMBER 1975   SEITE   30
KO.ST. 826128 FERTIGT.ORTENBG OBNO   SOLL-MITTELWERT

KO.TR / POS.-NR.		AN-GR.1	AN-GR.2	AN-GR.3	AN-GR.4	AN-GR.5	GES.-STD.	IST-BETRAG	SOLL-BETRAG	PROZ.
	VOR							3,02		
	LFD									
	GES							3,02		
03100	VOR									
	LFD			20,00			20,00	3,36		
	GES			20,00			20,00	3,36		
03200	VOR			105,00			105,00	17,88		
	LFD									
	GES			105,00			105,00	17,88		
04220	VOR									
	LFD			4,00			4,00	0,67		
	GES			4,00			4,00	0,67		
06000	VOR			6,00			6,00	1,26		
	LFD									
	GES			6,00			6,00	1,26		
42200	VOR			20,00			20,00	3,44		
	LFD			42,00			42,00	7,71		
	GES			62,00			62,00	11,15		
65910	VOR			52,00			52,00	9,24		
	LFD			47,00			47,00	8,10		
	GES			99,00			99,00	17,34		
65920	VOR			432,00			432,00	76,42		
	LFD									
	GES			432,00			432,00	76,42		
89000	VOR									
	LFD			80,00			80,00	14,49		
	GES			60,00			60,00	14,49		
94100	VOR			22,00			22,00	3,70		
	LFD									
	GES			22,00			22,00	3,70		
GESAMTSUMME	VOR			637,00			637,00	114,96		
	LFD			193,00			193,00	34,33		
	GES			830,00			830,00	149,29		

K O S T E N T R A G E R L I S T E -08-10-1975-

FIRMA 017 82 SUBUNTERNEHMER　　8000 MONCHEN 15　　SEPTEMBER 1975 SEITE 34

KO.ST. 828126 BR.ORTENBURG OBNOVA　　SOLL-MITTELWERT

KO.TR / POS.-NR.		AN-GR.1	AN-GR.2	AN-GR.3	AN-GR.4	AN-GR.5	GES.-STD.	IST-BETRAG	SOLL-BETRAG	PROZ.
	VOR							1,68		
	LFD									
	GES							1,68		
00000	VOR									
	LFD			10,00			10,00	1,68		
	GES			10,00			10,00	1,68		
13100	VOR			65,00			65,00	11,79		
	LFD									
	GES			65,00			65,00	11,79		
13300	VOR			8,00			8,00	1,47		
	LFD			10,00			10,00	1,68		
	GES			18,00			18,00	3,15		
31100	VOR			6,00			6,00	1,00		
	LFD									
	GES			6,00			6,00	1,00		
32110	VOR			6,00			6,00	1,00		
	LFD									
	GES			6,00			6,00	1,00		
32120	VOR			4,00			4,00	0,68		
	LFD			10,00			10,00	1,68		
	GES			14,00			14,00	2,36		
32130	VOR			12,00			12,00	2,28		
	LFD									
	GES			12,00			12,00	2,28		
42100	VOR			6,00			6,00	1,00		
	LFD									
	GES			6,00			6,00	1,00		
42200	VOR			4,00			4,00	0,68		
	LFD									
	GES			4,00			4,00	0,68		
57000	VOR			13,00			13,00	2,26		
	LFD									
	GES			13,00			13,00	2,26		
62000	VOR			52,00			52,00	9,43		
	LFD			40,00			40,00	7,18		
	GES			92,00			92,00	16,59		
65110	VOR			88,00			88,00	15,60		
	LFD									
	GES			88,00			88,00	15,60		

PROGR: KOSTENKONTR.
AUFTRAGS-BEZ : BROCKE ORTENBURG
SEITE 6
NR: 80 160
DATUM : 8.10.1975
ZEITRAUM SEPTEMBER 1975

I-NR	POS/BAS	MENGE	EINH	TEXT	STD	STOFF	GERÄT	FREMDL.	SCHL A+V	STA TRAP	SONST-1	SONST-2
163	14		CBM	HINTERFOLLUNG VERD.				16.58				
				GESAMT:								
165	15	1.000	P	WASSERHALTUNG WL.	25.000	2200.00	200.00					
				GESAMT:	25	2200	200					
169	16	111.130	QM	GRONDUNGSSOHLE VERD				0.81				
				GESAMT:				90				
171	17	191.520	CBM	BODENAUSTAUSCH				16.72				
				GESAMT:				3202				
173	18	8.590	CBM	BN 100 ALS FOLLBET.	1.500	2.00						52.70
				GESAMT:	13	17						453
176	19	120.000	QM	SAUBERKEITSSCHICHT	0.350	0.20						5.27
				GESAMT:	42	24						632
179	20	55.000	CBM	BN 250 FUNDAMENTE	2.205	8.68						64.76
				GESAMT:	121	477						3562
183	21	185.000	CBM	AUFGEH.WIDERLAGER	4.205	13.50						64.80
				GESAMT:	778	2498						11988
188	22	12.000	CBM	BN 450 AUFLAGERBAENK	4.505	13.50						74.80
				GESAMT:	54	162						898
193	23	7.000	CBM	BN 250 WIDERL.MAUERN	17.000	31.00						64.80
				GESAMT:	119	217						454
198	24		CBM	BN 350 KAPPENBET.	10.380	2.00						97.20
				GESAMT:								
201	25		QM	BITUM.DICHTUNGSANSTR.	0.220	2.48						
				GESAMT:								
204	26		M	BORDSTEINE VERSETZEN	0.050	1.00		52.00				
				GESAMT:								
208	27 A		TO	BAUSTAHL 22/34 GU	1.000		15.00		434.09		1030.00	
				GESAMT:								
212	27 B	11.000	TO	BAUSTAHL 42/50 RU	1.000		15.00		434.09		1030.00	
				GESAMT:	11		165		4775		11330	
216	28		M	STEINZEUGROHRE NW 200-	0.800	13.00						
				GESAMT:								
219	29		M	ABDECKUNG FILTERST.	0.350	3.35						
				GESAMT:								
222	30		M	FILTERROHRE NW 150	0.500	5.10						
				GESAMT:								
225	31		QM	KIESFILTERPLATTEN	0.800	10.75						
				GESAMT:								

Brücke Ortenburg :

Berechnung der Gemeinkosten per 30.9.1975

geleistete Soll-Std. (ohne Gemeinstunden)   10.828,5 Std.

ges.kalk.Std.   =   14.438

% - Satz :   10.828,5   :   14.438   =   0,75

Gemeinstunden   (BAS 8.000)   ges.kalk.   500,5 Std.

0,75   x   500,5   =   374,5 Std.

Polierstunden   (BAS 91.000) ges.kalk. 1.330,0 Std.

0,75   x   1.330   =   997,5 Std.

PROGR: BAS-STD
AUFTRAGS-BEZ : BROCKE ORTENBURG

SEITE 1
NR : 80.160

DATUM : 8.10.1975
ZEITRAUM SEPTEMBER 1975

I-NR	BAS	TEXT	EINH	MENGE	STD SOLL	STD/EINH SOLL	STD/EINH IST	STD IST	ABWEICH.	BEMERKUNG
1	0.001	KEIN BAS. NUR SK								
2	1.000	EINRICHT. AUF-U.ABB	STD		1233.800	1233.800		548	+ 686	366 H BROCKE 182 H FT
3	1.100	WASSERHALTUNG	STD		165.000	165.000		166	- 1	
4	2.000	BEHELFSBROCKE	STD					31	- 31	
5	3.100	KIESAUFFOLLUNG F.FT	STD					20	- 20	
6	3.200	PLANIE F.FT.KRANBAHN	STD	176.000	176.000	1.000		432.5	- 256.5	Fertigteile
7	8.000	GEMEINSTUNDEN	STD		374.500	374.500		503	- 128.5	335 H BROCKE 168 H FT
8	13.100	AUSHUB.HINTERFOLLEN	CBM	288.275	75.312	0.261	0.697	201	- 125.5	
9	13.300	HANDSCHACHTUNG	CBM					73	- 73	
10	31.100	SAUBERKEITSSCHICHT	QM	28.000	98.000	3.500	2.321	65	+ 33	
11	32.110	FUNDAMENTBETON	CBM	193.590	234.885	1.213	0.496	96	+ 139	
12	32.120	STOTZENBET.QUERTRAGER	CBM	120.199	167.399	1.392	1.215	146	+ 21.5	
13	32.130	WIDERLAGERBETON	CBM	204.000	254.000	1.245	0.539	110	+ 144	
14	32.600	ORTBETONPLATTE	CBM							
15	32.700	GESIMSBETON	CBM							
16	42.100	BEWEHRUNG SCHLAFF O.FT	STD	51.194	51.194	1.000		26	+ 25	
17	42.200	SPANNSTAHL F.FT	STD	200.000	200.000	1.000		382	- 182	Fertigteile
18	57.000	ISOLIER.FUGENAUSBAU	STD	72.000	72.000	1.000		83	- 10	
19	58.100	VERSETZARBEITEN	STD	90.000	90.000	1.000			+ 90	
20	62.000	SCHUTZ-ARB.GEROSTE	STD	213.152	213.152	1.000		619	- 406	
21	65.110	FUNDAMENTE SCHALEN	QM	116.150	174.225	1.500	2.630	305.5	- 131	
22	65.120	STOTZEN SCHALEN	QM	202.744	466.311	2.299	5.043	1.022.5	- 556	
23	65.130	WIDERLAGER SCHALEN	QM	281.250	611.625	2.174	4.832	1.359	- 747.5	
24	65.700	GESIMSE SCHALEN	QM							
25	65.910	SCHALUNG FOR FERTIGTEILE	STD	510.000	510.000	1.000		656	- 146	Fertigteile

PROGR: BAS-STD
AUFTRAGS-BEZ : BROCKE ORTENBURG

SEITE 2
NR: 80.160

DATUM : 8.10.1975
ZEITRAUM SEPTEMBER 1975

I-NR	BAS	TEXT	EINH	MENGE	STD SOLL	STD/EINH SOLL	STD/EINH IST	STD IST	ABWEICH.	BEMERKUNG
26	65.920	SCHAL.F.FT.EIN-AUSSCH.	STD	4848.000	4848.000	1.000		3.076.5	+ 1771.5	Fertigteile
27	69.000	SONSTIGE SCHALARBEIT	QM	224.460	471.366	2.100	0.205	46.0	+ 425.5	
28	84.110	BEIHILF.GEL.LEITPL.	STD							
29	84.120	OBERGANGSKONSTR.	STD							
30	84.130	LAGER EINB.MESSPUNKT	STD	155.000	1.000			103	+ 52	
31	85.000	KRAN-BAGGERFAHRER	STD					293	- 293	
32	85.100	BAGGERFAHRER F.FT.	STD	200.000	1.000			451.5	- 251.5	Fertigteile
33	89.000	FERTIGTEILE VERLEGEN	STD	360.000	1.000			492.0	- 132	Fertigteile
34	91.000	AUFSICHT POLIER	STD		997.500			1.153	- 155.5	
35	94.100	REGIE.BH.DRITTE SUB.	STD		228.500			228.5	± 0	
					12.429.5			12.688.0	- 258.5	./. 2.1 % v. Soll
		ohne Polier und Regie			11.203.5			11.306.5	- 103.0	./. 0.9 % v. Soll

Brücke Ortenburg

		ohne Polier und Regie			4.373.5			5.466.0	- 1092.5	./. 24.9 % v. Soll

Fertigteile Ortenburg

		ohne Polier und Regie			6.830.0			5.480.5	+ 989.5	+ 14.5 % v. Soll

KOSTENSTELLE 128 FEPTIGTEILE ORTENBURG

KONTO	BEZEICHNUNG	VORMONAT		BERICHTSMONAT		SEIT BAUBEGINN		DAV.UNGE B.	BERICHTSJAHR	
		TDM	%	TDM	%	TDM	%	TDM	TDM	%
1	2	3	4	5	6	7	8	9	10	11
1.01.5	KOSTEN LOHNBUCHHALTUNG	0,3	0,6	0,2	0,8	1,4	0,4		1,4	0,4
46.753	KOSTEN F.BUCHHALTUNG ETC.	0,3	0,6	0,2	0,8	1,4	0,4		1,4	0,4
1.01.7	FREMDLOEHNE (BRUTTO)	1,0	2,0	2,9	12,1	14,6	4,7	13,9	14,6	4,7
46.183	FREMDLOHNKOSTEN/LOHNARBEITER	1,0	2,0	2,9	12,1	14,6	4,7	13,9	14,6	4,7
1.01.9	GEHALTSKOSTEN	2,8	5,5	3,5	14,5	10,3	3,3		10,3	3,3
46.1-1	GEHAELTER + ZULAGEN (T/K)	1,8	3,7	2,2	9,0	6,4	2,1		6,4	2,1
46.148	GEHALTSNEBENKOSTEN (T/K)			0,2	0,9	0,6	0,2		0,6	0,2
46.151	GESETZL.SV-BEITRAEGE (T/K)	0,9	1,8	1,1	4,5	3,2	1,0		3,2	1,0
1.02.0	GERAETEKOSTEN					2,5	0,8		2,5	0,8
1.02.6	HILFS-/FREMDL.LFD.REP.					2,5	0,8		2,5	0,8
46.441	LFD.REP.-KOST./BAUGERAETE					2,5	0,8		2,5	0,8
1.03.0	SONSTIGE KOSTEN	15,2	30,5	3,1	13,0	127,8	41,4	57,1	127,8	41,4
1.03.3	EINBAUSTOFFE	15,2	30,5	1,1	4,5	120,	38,9	58,0	120,1	38,7
46.212	BETON-ZUSCHLAGSTOFFE			0,0	0,1	0,1	0,0		0,1	0,0
46.221	ZEMENT					0,1	0,0		0,1	0,0
46.222	SONST.BINDEMITTEL,ZUSATZMITTEL			0,9	3,6	0,9	0,3		0,9	0,3
46.223	LIEFERBETON, -MOERTEL	5,5	11,0	0,0	0,2	26,0	8,4		26,0	8,4
46.231	BETONSTAHL I/II			0,0	0,.	0,0	0,0		0,0	0,0
46.233	BETONSTAHL III A/III B	2,9	5,9	0,1	0,5	27,7	9,0		27,7	9,0
46.235	BAUSTAHLGEWEBE					0,1	0,0		0,1	0,0
46.236	SPANNSTAHL	6,8	13,6			64,8	21,0	58,0	64,8	21,0
46.237	SPANNSTAHL-ZUBEHOER					0,4	0,1		0,4	0,1
46.241	EISERNE EINBAUTEILE (TRAEGER)					0,1	0,0		0,1	0,0
1.03.4	BETRIEBSSTOFFE			0,3	1,2	0,9	0,3		0,9	0,3
46.271	DIESELKRAFTSTOFF			0,3	1,2	0,7	0,2		0,7	0,2
46.272	SONST.FLUESSIGE TREIBSTOFFE					0,1	0,0		0,1	0,0
46.275	SCHMIERSTOFFE					0,0	0,0		0,0	0,0

PROZENTWERTE BEZOGEN AUF SUMME KONTENGRUPPE 2.00.0 (ERLOESE)

28.0 NL MUENCHEN   / 27.10.75 /   KOSTEN- UND ERLOESARTEN - AUFSTELLUNG PER 30.09.75   *** V O R A B ***   SEITE 004

KOSTENSTELLE 128 FERTIGTEILE ORTENBURG

KONTO	BEZEICHNUNG	VORMONAT		BERICHTSMONAT		SEIT BAUBEGINN		DAV.UNGER.B.	BERICHTSJAHR	
		TDM	%	TDM	%	TDM	%	TDM	TDM	%
1	2	3	4	5	6	7	8	9	10	11
1.03.5	RUEST-SCHALHOLZ			1,7	7,3	6,8	2,2	-0,9	6,8	2,2
46.311	VERBRAUCH/RUNDHOLZ,STANGEN ETC			0,2	1,0	0,2	0,1		0,2	0,1
46.312	VERBRAUCH/KANTHOLZ,BOHLEN					5,0	1,6		5,0	1,6
46.314	VERBRAUCH/SCHALBRETTER					2,5	0,8		2,5	0,8
46.319	VERBRAUCHSKST./RUEST+SCHALHOLZ			1,5	6,3	-0,9	-0,3	-0,9	-0,9	-0,3
1.04.0	FREMDLEISTUNG	2,2	4,5	0,5	2,3	29,0	9,4		29,0	9,4
1.04.1	TRANSPORT GER./AUSST.					0,1	0,0		0,1	0,0
46.661	TRANSP.KOSTEN/GERAETE ETC.					0,1	0,0		0,1	0,0
1.04.2	FREMDLSTG.OHNE AUSBAU	2,2	4,5	0,5	2,3	28,9	9,3		28,9	9,3
46.616	NU-ARB./BEWEHRUNGSARBEITEN	0,8	1,6	0,5	2,3	22,3	7,2		22,3	7,2
46.652	FREMDLEISTG./GERAETE-GESTELLG.	1,4	2,4			6,5	2,1		6,5	2,1
46.656	FREMDLEISTG./BAUSTELLEN-EINR.					0,0	0,0		0,0	0,0
1.05.0	ALLGEMEINE BAUKOSTEN	0,6	1,2	2,1	8,7	12,9	4,2		12,7	4,2
1.05.1	HILFS-UND NEBENSTOFFE	0,1	0,2	1,7	7,2	10,4	3,4		10,4	3,4
46.251	HILFS- U.NEBENSTOFFE	0,1	0,2	1,7	7,2	10,4	3,4		10,4	3,4
1.05.2	EINR.-STOFF WERKZ.KLG.	0,5	1,1	0,4	1,5	2,5	0,6		2,5	0,8
46.549	VERBRAUCHSPAUSCH./E-STOFFE	0,5	1,1	0,4	1,5	2,5	0,8		2,5	0,8
	ROHERGEBNIS	8,3	6,0	0,4	1,6	18,8	6,1	238,0	18,8	6,0

PROZENTWERTE BEZOGEN AUF SUMME KONTENGRUPPE 2.00.0 (ERLOESE)

K O S T E N K O N T R O L L E IN TAUS. DM

B A U S T E L L E : Brücke Ortenburg
M O N A T :   September 1975

NR	KOSTENART	VORMONAT : August 75							BERICHTSMONAT : September 75						
		SOLL	% HK	IST	% HK	ABWEICH. DM	% HK	%	SOLL	% HK	IST	% HK	ABWEICH. DM	% HK	%
1	Löhne	169	23,9	193	27,9	- 24	3,4	- 14	211	25,0	241	29,6	- 30	3,5	- 14,2
2	Sonst.Stoffe	63	8,9	79	11,4	- 16	2,3	- 25	73	8,6	103	12,7	- 30	3,5	- 41,0
3	Geräte	11	1,6	31	4,5	- 20	2,8	-182	15	1,8	40	4,9	- 25	2,9	-167,0
4	Fremdl.allgem.	230	32,5	147	21,5	+ 81	11,5	+ 35	275	32,6	152	18,7	+123	14,5	+ 44,7
5	Fremdl.Stahl	36	5,1	44	6,4	- 8	1,1	- 22	43	5,1	48	5,9	- 5	0,6	- 11,6
6	Stahl	124	17,5	120	17,3	+ 4	0,6	+ 3	141	16,7	127	15,6	+ 14	1,7	+ 9,9
7	Beton	51	7,2	56	8,9	- 5	0,7	- 10	59	7,0	56	6,9	+ 3	0,4	+ 5,1
8	Gehälter	23	3,3	20	2,9	+ 3	0,4	+ 13	27	3,2	27	3,3	± 0		± 0
9															
10															
11															
12															
	GES.HERSTELLKOSTEN	707	100	692	100	+ 15			844	100	813	100	+ 31		
	LEISTUNGSSUMME	737,7		737,7					887		887				
	ERGEBNIS DM	+ 30,7		+ 45,7					+ 43		+ 74				
	ERGEBNIS %	+ 4,2 %		+ 6,3 %					+ 4,8 %		+ 8,4 %				

LEISTUNGSMELDUNG per 31.8.73   PASSAU LOS A

Pos.	BEZEICHNUNG	MASSE	DM/E.	GES.DM
2001	BAUSTELLENEINRICHTUNG	30 %	63.000,--	18.900,--
3001	BAUGRUBENAUSHUB	800 m^3	22,50	18.000,--
3003	ABFUHR AUF KIPPE	800 m^3	4,95	3.960,--
3006	BAUGRUBENSTÜTZWAND 2/3 d.EINHEITSPREISES	200 m^2	196,--	25.200,--
3007	WASSERHALTUNG	50 %	16.000,--	8.000,--
3008	STAHLSPUNDWAND 2/3 EP.	75 m	375,--	28.125,--
3010	ORTBETONPFÄHLE	82 m	645,--	52.890,--
3012	FÜLLBETON B 300	52 m^3	143,65	7.469,--
3013	SAUBERKEITSSCHICHT	175 m^2	29,50	5.162,--
5003	BRUCHSTEINMAUERWERK	160 m^3	18,30	2.928,--
	SUMME LOS A			170.634,--

S T U N D E N A U F W A N D per 31.8.73 I S T - S T D

P A S S A U L O S A

BAS.		BERICHTSWOCHE					SUMME
		31.08	32.08	33.08	34.08	35.08	
0.	1000						
	8000	36,5	41,5	62	56	95,5	291,5
1.	1310	29	142	50	50,5	167,5	439
	1340		10	13			23
	1350						
2.	2100	192	179	83	30	34	518
	2210		17,5	65	240,5	111,5	434,5
	2300						
	2800		9	7			16
3.	3110		8		25	98	131
	3200						
4.	4200						
5.	5000						
6.	6510					146	146
	6570						
8.	8430		16,5	25	37	17	95,5
	8500						
	8600		80	4	168	23	275
	8610						
	8620						
	9100	28	80	37	94	102	341
	9400	38	67	226	14,5	208,5	554
S U M M E :		223,5	650,5	572	715,5	1003	3246,5

PROJEKT : ARGE ILZBRÜCKE   STICHTAG : 31.8.73   BLATT 1

S T U N D E N - S O L L - I S T - V E R G L E I C H
NACH ARBEITSZIFFERN (BAS)

BAS	BEZEICHNUNG	STD.AUFWAND SOLL	IST	±	ABWEICHUNG (STD.)	(%)
01000	EINRICHTUNG	503	677	-	174 (-309)	- 35 % (- 84 %)
13100	AUSHUB ABBR.STÜTZM.	610	643			
13400	SCHÜTTUNG-DAMM	357	98			
	SUMME 1 ERDARBEITEN	967	741	+	226 (+ 60)	+ 23 % (+ 17 %)
21000	SPUNDWÄNDE	953	1081			
22100	BERL.VERBAU	1244	1090			
23000	BEIHILFE PFAHLARB.	31				
28000	WASS.HLTG.PUMP.SU.	122	16			
	SUMME 2 GRÜNDUNG	2350	2187	+	163 (- 14)	+ 7 % (- 1 %)
31100	BETONARBEITEN	197	131	+	66	+ 33
65100	SCHALG.ARB.FUND.ST.		146			
84300	SONST.AUST.ARB.	133	202			
85000	KRANFAHRER		122			
86000	BRÜCKE LOS A		275			
	SUMME OHNE GEM.STD.	4150	4480	-	330 (-439)	- 8 % (- 22 %)
08000	GEMEINSTUNDEN	500	698	-	198 (-136)	- 39 % (- 50 %)
	SUMME MIT GEM.STD.	4650	5180	-	520 (-575)	- 11 % (- 26 %)
91000	POLIER		753			
94000	REGIE		854			

PROJEKT : ILZBRÜCKE PASSAU   STICHTAG : 31.8.73

D M   S O L L - I S T - V E R G L E I C H

LFD. NR.	KOSTENART	SOLL INSGESAMT	SOLL PER STICHTAG	IST PER STICHTAG	ABWEICHUNG DM	%
	STUNDEN	114.400	4.650	5.180		
1.	LOHNKOSTEN (einschl.SOZ+LNK)	2,183.300	90.800	100.600		
2.	GEHÄLTER	309.800	11.400	34.800		
3.	GERÄT	443.700	21.400	55.500		
4.	SCHALUNG+RÜSTUNG		-	800		
5.	SPUNDBOHLEN		7.800	3.300		
6.						
7.	BETON		7.900	8.000		
8.	BETONSTAHL		-	600		
9.	SONST.VERBRAUCHSSTOFFE		33.600	26.700		
10.	SUBUNTERNEHMER GRUND-PFAHLBAU	800.000	86.300	102.000		
11.	SUBUNTERNEHMER SONSTIGE		61.800	-		
12.	SUBUNTERNEHMER					
13.	ÜBRIGE BAUKOSTEN		10.800	47.900		
14.	S U M M E		331.800	380.200		

17. ERGEBNISRECHNUNG UND BILANZ

Der einzig meßbare Erfolg einer Kalkulation und einer marktgerechten Angebotsstrategie unter Berücksichtigung der Vollkosten und Deckungsbeitrags-
theorie liegt im Nachweis eines monetären Ergebnisses.

Dafür stehen dem Rechnungswesen die V e r l u s t - und G e w i n n -
r e c h n u n g und die B i l a n z zur Verfügung.

Da für den Gesamtkomplex der Arbeitsvorbereitung die Werte der Ergebnisrechnung als Steuerungsdaten unbedingt erforderlich sind, soll auf den
grundsätzlichen Aufbau sowie die organisatorischen Forderungen näher eingegangen werden.

Die Ermittlung des monetären Erfolges eines Produktionsprozesses in einem
bestimmten Zeitraum erfolgt durch die E r g e b n i s r e c h n u n g ,
die - falls erforderlich - durch die Zwischen- und Endbilanz ergänzt wird.
Alle Steuerungsdaten, die sowohl für die monetäre Richtigkeit der Verfahrensgrundlagen im Bauprozeß wie auch für die Überlegungen in bezug auf die AGK
erforderlich sind, können nur aus der Erfolgsrechnung entnommen werden.
Wenn wir davon ausgehen, daß die Arbeitsvorbereitung alle Tätigkeiten wie

    P l a n u n g von Verfahrensabläufen,
    K a l k u l a t i o n von Verfahrensabläufen,
    N a c h k a l k u l a t i o n von Verfahrensabläufen,

umfaßt und wenn wir weiter davon ausgehen, daß sich der Produktionsprozeß
aus einer Summe von Verfahrensabläufen ergibt, dann wird deutlich, daß zur
Erfassung aller damit zusammenhängenden Steuerungsdaten eine integrierte
Verbindung zwischen dem Sachgebiet der Arbeitsvorbereitung und dem Rechnungswesen, als dem für die Erstellung der Ergebnisrechnung erforderlichen Sachgebiet, notwendig ist.

Hier sollte mit aller Deutlichkeit die Tatsache bewußt werden, daß eine sach-
gerechte Betriebssteuerung nur in einer engen Zusammenarbeit zwischen den verantwortlichen Kaufleuten und Ingenieuren möglich ist.
Zum besseren Verständnis dieser betriebsnotwendigen Zusammenarbeit sollen
für den Ingenieur die Nahtstellen dieser Zusammenarbeit etwas erläutert
werden.

17.1 ERGEBNISRECHNUNG

Die generelle Gliederung der Ergebnisrechnung ist in der BRD nach dem Aktiengesetz vom 6.September 1965 § 157 festgelegt. Die erforderlichen Daten werden
in den gebräuchlichen Formularen für die Aufstellung der Ergebnisrechnung
ausgewiesen, wobei diese in zwei Sachgruppen aufgeteilt sind, in A u f -
w e n d u n g e n und E r t r ä g e .

In den Aufwendungen müssen alle für den Betrachtungszeitraum angefallenen
Kosten erfaßt werden. Diesen Kosten stehen auf der Grundlage der Auftrags-
Kalkulation·die entsprechenden Leistungen und Vergütungen gegenüber. Hier
treten nun die meisten Schwierigkeiten in der Aussagefähigkeit der Ergebnisrechnung auf. Sie sind dadurch bedingt, daß die Ergebnisrechnung von zwei
getrennten Bearbeitungsgruppen erstellt wird.

Der Inhalt der Aufwendungen wird im Rechnungswesen erfaßt, die Leistung
durch die Baustellenleitung ermittelt.

Wenn nun nicht beachtet wird, daß die Leistung eine direkte Abhängigkeit von
den Kosten aufweist, d.h. L e i s t u n g = f (Kosten), wobei der funktionelle Zusammenhang durch die Auftragskalkulation geliefert wird, kann
dieser funktionelle Zusammenhang fehlinterpretiert werden und die Ergebnisrechnung in bestimmten Zeitabläufen führt zu Fehlaussagen, die bis zur Erstellung der Schlußergebnisrechnung falsche Steuerungsdaten liefern. Daraus
mag man ersehen, daß die Nachkalkulation der gesamten Aufwendungen unbedingt
erforderlich ist, da sie die Aufgabe hat, diesen funktionellen Zusammenhang
zwischen A u f w a n d und L e i s t u n g anhand der Auftragskalkulation
zu überprüfen.
Die sachliche Aufgabenstellung ist also leicht zu definieren.

Die Schwierigkeiten liegen, und zwar in ganz erheblichem Maße, in den Detail-
bearbeitungen. Die größten Ungenauigkeiten treten dann auf, wenn zwischen
den Kostenarten, wie sie der Kalkulation zugrunde liegen, und dem Kontenrahmen
des Rechnungswesens keine eindeutig definierte Übereinstimmung besteht.

Dann ist es oft unmöglich, den richtigen Zusammenhang zwischen Leistung
und Kosten sachgerecht zu erfassen.

17.1.1 Aufwand

Die erste Voraussetzung besteht also darin, eine vernünftige Zuordnungs-
grundlage zu schaffen. Bestimmend für den Aufbau des Kontenrahmens des
Rechnungswesens, bezogen auf den Aufwand, sollten die produktionstechnischen
Voraussetzungen sein. Die Kostenarten, wie sie in der Kalkulation Anwendung
finden, sollten also direkt im Rechnungswesen erkenn- und erfaßbar sein.

Bei den Überlegungen über die Ermittlung der Einzelkosten wurden dabei
folgende Definitionen aufgestellt :

17.1.1.1

Einfachere Unterteilung :

    Lohnaufwendungen
    Gerätekosten
    Fremdleistungen
    Stoffkosten
    Sonstige Kosten.

17.1.1.2

Definition nach System Strabag :

    A r b e i t s k o s t e n : Lohnkosten, Gerätekosten, Betriebsstoffkosten,
    Bauhilfsstoffkosten, Fremdarbeitskosten

    A n d e r e   H e r s t e l l k o s t e n : Stoffkosten, Fremdleistungen,
    wobei diese Gruppe je nach Betriebsorganisation noch unterteilt werden kann.

Voraussetzung für eine wirkungsvolle Anwendung ist die analoge Anwendung
dieser Kostenaufgliederung bei den Kalkulationsformularen. Erst dadurch
wird der direkte Zusammenhang erkenntlich gemacht.

17.1.2 Erträge

Diesem Teilgebiet kommt insoferne besondere Bedeutung zu, da den Erträgen
ja die Aufwendungen gegenüber gestellt werden und aus den großen Verhält-
nissen zueinander die Rentabilität des Betriebes in den vergangenen Perioden
abgeleitet wird. Die Aufwendungen können anhand von Rechnungs- und Lieferungs-
belegen sehr genau abgegrenzt werden. Die gleiche Sorgfalt hat für die
Leistung der Produktionsstelle, den Ertrag, zu gelten. Bei den sicher sehr
schwierigen Abgrenzungen der Leistung, die dadurch entstehen, daß zum Er-
fassungsstichtag auch angefangene und nicht vollendete Leistungen vorhanden
sind, ist der Grundsatz des sachlichen Zusammenhanges zwischen Leistung = f
(Kosten), wobei f durch die Kalkulation fixiert ist, stets zu beachten. Dies
geschieht dadurch, daß die noch nicht gebuchten Aufwendungen leistungsgerecht
zu erfassen sind. Für schon voraus geleistete Aufwendungen können entsprechende
Leistungsanteile im Ertrag angesetzt werden. Bestände sind ausgabenmindernd
zu erfassen. Die Richtigkeit dieser Annahmen wird bei einer sorgfältigen
Aufwands- und Ertrags-Nachkalkulation überprüft.

Die Leistungsermittlung, der ein Massennachweis zugrunde liegen soll, wird
zweckmäßigerweise in übersichtlichen Formularen aufgearbeitet.
Diese Meldung und die Aufwandsbelege der Buchhaltung sind die Grundlagen der
Ergebnisrechnung.

bis **spätestens** zum
8. jeden Monats an die
ZN einreichen

ZN _______________________

Leistungsmeldung per _______________
(ohne Umsatzsteuer)

Baustelle ____ **Konto-Nr.** _______________

Vertragliche Bauzeit vom _______________________ voraussichtlich bis _______________________

		Vom Baubeginn bis Ende Vormonat DM	Im Berichtsmonat Zugang/Abgang DM	Gesamt seit Baubeginn DM
1.	**Auftragsentwicklung**			
1.1	Vertragsleist. für Bauherrn incl. Nachträge			
1.2	Stundenlohnarbeiten für Bauherrn			
1.3	Lieferungen u. Leistungen für Dritte			
1.4	Gesamt-Auftragssumme			
1.5	·/. Leistung Summe 6			
	Restauftragsbestand			
2.	**Schlußabgerechnete Leistungen**			
2.1	aus Vertragsleistungen für Bauherrn incl. genehmigte Nachträge			
2.2	aus noch nicht genehmigten Nachträgen			
2.3	aus Stundenlohnarbeiten für Bauherrn			
2.4	aus Lieferungen u. Leistungen für Dritte			
	Summe 2			
3.	**Nicht abger. Leistungen lt. Anlage**			
3.1	aus fertigen u. halbfertigen Leistungen incl. genehmigter Nachträge			
3.2	aus noch nicht genehmigten Nachträgen			
3.3	aus Stundenlohnarbeiten			
3.4	aus Lieferungen u. Leistungen für Dritte			
3.5	davon lt. Abschlagsrechnungen (auch Zahlungsanforderung) belegt DM			
	Summe 3			
4.	**Leistungen Summe 2 + 3**			
5.	**Abzusetzende Leistungsberichtigungen lt. Anlage**			
5.1	Vorgriffe auf Baustelleneinricht. u. Räumg.			
5.2	Vorgriffe auf sonstige Leistungen			
5.3	Kosten für Nacharbeiten u. Abrechnung			
5.4	. . . .			
	Summe 5			
6.	**Leistungen Summe 4 ·/. 5**			
7.	**Abzusetzende Erlösminderungen**			
7.1	Evtl. Rechnungsabstriche auf 2.			
7.2	Evtl. Rechnungsabstriche auf 3.			
7.3	. . . .			
	Summe 7			
8.	**Gesamtleistung Summe 6 ·/. 7**			

Best.-Nr. 9/1

9. Noch ausstehende Rechnungen von Lieferanten und Nachunternehmern (ohne Umsatzsteuer)

9.1 Lieferanten und Sonstige

Firma	Stoffbezeichnung	Lieferdatum	Betrag DM

9.2 Noch nicht abgerechnete Nachunternehmerleistungen (soweit in unserer Leistung erfaßt)

Firma	Art der Arbeit	Gesamtleistung DM	davon schluß-abgerechnet DM	noch nicht schluß-abgerechnet DM

nicht abgerechnete Nachunternehmer

10. Baustoffvorräte – nur Einbaustoffe ohne Mietteile – (ohne Umsatzsteuer)

Baustoff	Menge	Preis frei Baustelle Einzel	Preis frei Baustelle Gesamt	Baustoff	Menge	Preis frei Baustelle Einzel	Preis frei Baustelle Gesamt
Schalholz (gebr. 50 %)						Übertrag	
Rüstholz (gebr. 50 %)							
Stahlträger (gebr. 50 %)							
	Übertrag						

11. Zukünftige Umsatz- und Belegschaftsentwicklung (Umsatz in Tsd.)

Monat	Restauftrag							Restumsatz
Umsatz								
Belegschaft	———							———

_____________________, den_____________________

Unterschrift der Geschäftsleitung	Unterschrift des Oberingenieurs	Unterschrift des Bauführers

Entsprechend dem Aktiengesetz gehören zu den Leistungen noch folgende Titel :

17.1.2.1

Bauleistungen für Dritte :

Darunter werden Leistungen erfaßt, die nicht im Rahmen des Bauauftrages erfolgt sind. Es sind also Leistungen für Dritte, fremde Auftraggeber. Sie
verursachen selbstverständlich ebenfalls einen Aufwand, der meist nicht besonders erkennbar, im Aufwand für die Vertragsleistung jedoch mitenthalten ist.

17.1.2.2

Neutrale Erträge :

Hiezu gehören die Ergebnisse aus den monetären Vorgängen wie Zinsen und
Steuern. Aus der Gleichstellung der Summen A u f w a n d und E r t r a g
ergibt sich der G e w i n n oder V e r l u s t für den Betrachtungszeitraum. Er stellt das wirtschaftliche Steuerungsinstrument des Baubetriebes
dar und gibt darüber Auskunft, ob

die verfahrenstechnischen Grundlagen kostengerecht in der Kalkulation
erfaßt wurden,

diese Verfahrensgrundlagen den wirtschaftlichen Maßstäben genügen,

und ob die Unternehmensstrategie in bezug auf Angebote und Aufträge er-
folgversprechend ist.

Das Ergebnis ist der Nachweis über die wirtschaftliche Rentabilität.

Zur besseren Übersicht für die Trendentwicklung eines Baubetriebes ist ein
Übersichtsblatt entwickelt worden, das folgende Daten aufweist :

Auftragsabwicklung zum Stichtag der Untersuchung

Ergebnis im letzten Untersuchungszeitraum

Ergebnis der Leistung im Berichtszeitraum

Ergebnis vom Baubeginn bis zum Stichtag.

Außerdem sind die Gesellschafter-Kontostände mitangegeben.

Stempel der Arge

Arge-Übersichtsblatt

zum   19

Auftragsentwicklung (ohne Umsatzsteuer)	DM	%
Auftragssumme laut letzter Arge-Ergebnisrechnung		
Auftragsveränderung im Berichtszeitraum ±		
Auftragssumme am Ende des Berichtszeitraumes		100,0
Bauleistungssumme am Ende des Berichtszeitraumes ✗		
Auftragsbestand am Ende des Berichtszeitraumes		

Arge-Ergebnis (ohne Umsatzsteuer)	Lt vorletzter Ergebnisrechng. zum		Lt. letzter Ergebnisrechnung zum		Im Berichtszeitraum vom ___ bis ___		Seit Baubeginn bis ___		Vermerke des Gesellsch.: Anteilige Zahlen seit Baubeginn bei ___% Beteiligung
	%	DM	%	DM	%	DM	%	DM	
Bauleistungssumme (Zwischens. A d. Ergebnisrechg)	100,0		100,0		100,0		100,0		—
Sonstige Erlöse und Erträge	—		—		—		—		
Gesamtertrag	—		—		—		—		
Bauaufwendungen									
Ergebnis ohne Gewährleistungsrückstllg. ±									
Gewährleistungsrückstellung ___% aus DM ___ ✗									
Ergebnis ohne heimische Kosten ±									
Alle im Ergebnis enth. Rückstellungen									

Stand der Gesellschafterkonten (einschließlich Umsatzsteuer)

Gesellschafter	Beteiligung %	S/H	Ist DM	S/H	Soll DM	±	Abweichung vom Soll DM
	100,0		—		—		—

Gesamt-Kontenstand

Stand der Beistellungswerte (einschl.*/ohne* Umsatzsteuer)

Gerätemiete _____ %| Rep.-Zuschlag _____ %| der BGL   lt. Argevertrag

Gerätemieten und Reparatur-Zuschläge DM	%	Gerätereparaturen der Baustelle zu Lasten der Gesellschafter DM	Vorhaltestoffe Anlieferung DM	%	Rücklieferung DM
	100,0			100,0	

Forderungen lt. Arge-Vermögensübersicht	DM
Bankkredit-Inanspruchnahme	DM
Restbuchwert der Arge-Geräte	DM
Materialbestandswerte	DM
Umsatzsteuer für Schlußabrechnung(en)	ca. DM
Fälligkeit	ca. am

Bemerkungen:

*Nichtzutreffendes gemäß Arge-Vertrag streichen

Arge-Formular 1.81

Datum   Stempel und Unterschriften

Arge 111

Stempel der Arge

Arge-Ergebnisrechnung zum ....

(hierzu Einzelnachweis)

— Alle Angaben ohne Umsatzsteuer —

AUFWENDUNGEN	DM	ERTRÄGE	DM
Kosten der Baustelle		**Betriebserträge**	
71 Personalkosten		811 Vertragsarbeiten	
72 Verbrauchsstoffkosten		812 Stundenlohnarbeiten	
73 Rüst- und Schalmaterial			
74 Geräte und Lkw.		841 Lief. u. Leist. an Dritte	
75 Betriebs- und Baustellenausstattung		842 Lief. u. Leist. an Belegschaftsmitglieder	
76 Hilfsleistungen		Zwischensumme A	
77 Sonderkosten		82 Lief. u. Leist. an Gesellschafter u. Beteiligungsfirmen	
781-88 Sonstige Kosten			
789 Rückstellungsaufwand (lt. Vermögensübersicht)		Zwischensumme B	
		Neutrale Erträge	
Neutrale Aufwendungen		922 Erträge aus Anlageabgängen	
921 Aufwendungen aus Anlageabgängen		941 Zinserträge	
93 Zinsaufwendungen		942 Skonti-Erträge	
98 Außerordentliche Aufwendungen		98 Außerordentliche Erträge	
		Zwischensumme C	
02 Gewinn (ohne heimische Kosten)		02 Verlust (ohne heimische Kosten)	

Datum:

Stempel und Unterschriften

17.1.2.3

Allgemeine Geschäftskosten :

Bei der Ergebnisrechnung ist zu beachten, daß die Aufwendungen für AGK, auch heimische Geschäftskosten genannt, nicht im Aufwand enthalten sind. Sie müssen vom Ergebnis abgezogen werden. Erst wenn sie in voller Höhe berücksichtigt sind, kann man von einem Gewinn des Produktionsobjektes sprechen. Dieser Umstand wird des öfteren nicht richtig erkannt.

17.2 BILANZ

Aus den Zusammenstellungen für die Erfolgsrechnung wird als notwendige Ergänzung die Zwischenbilanz aufgestellt. Sie gibt Aufschluß über die Vermögenssituation der Baustelle zum Stichtag. Für die Beurteilung einer laufenden Baustelle ist sie nicht von großer Bedeutung, da die Baustellen keine großen Vermögenswerte haben. Sie kann allerdings dann von entscheidender Bedeutung sein, wenn aus Eigenmitteln der Baustelle Investitionen größeren Umfanges notwendig sind. Dies ist aber höchstens bei Arbeitsgemeinschaften für große Tiefbauarbeiten der Fall.

Die Aufgliederung der Bilanz ist durch den § 151 des Aktiengesetzes vom 6. September 1965 festgelegt. Hier wird nun im Rahmen der Bedeutung für die Baustelle darauf eingegangen.
Es soll außerdem anhand eines Formblattes erläutert werden, wie die Werte aus der Ergebnisrechnung in der Bilanz Berücksichtigung finden.

17.2.1 Aktiva

17.2.1.1

Anlagevermögen :

Die Formulare der Bauindustrie berücksichtigen hier für Arbeitsgemeinschaften, daß das Vermögen nur aus Baugeräten besteht. Die Geräte werden mit dem Kaufwert als Zugänge erfaßt. Die Abschreibung der Geräte erfolgt nach der im Arge-Vertrag vereinbarten Abschreibung je Monat. Der Restwert hat nur buchhalterische Bedeutung. Der tatsächliche Wert ergibt sich nach Auflösung der Arge. Eine vorsichtige kaufmännische Verwaltung wird bemüht sein, den Restwert möglichst niedrig zu halten.

17.2.1.2

Umlaufvermögen :

Hierzu gehören die Vorräte, die sich aufgrund einer körperlichen Aufnahme
mit dem Einstandspreis der Stoffe ermitteln und als Bestand für die Ergebnisrechnung notwendig sind.

17.2.1.3

Forderungen :

Der Hauptbetrag beinhaltet die Forderungen an den Bauherrn aus Vertragslei-
stungen. Diese Vertragsleistung muß mit den Beträgen der Leistungsberichtigung
bereinigt sein. Sie ergibt sich, wie schon bei der Ergebnisrechnung ausgeführt, aus der Leistungsmeldung. Man sieht also auch hier, daß die sorgfältige Leistungserfassung sowohl für die Erfolgsrechnung wie auch die Ver-
mögensübersicht entscheidend ist. Es muß ganz besonders sorgfältig vorgegangen werden. Das abgebildete Formular erleichtert die Aufstellung.

Ergänzt wird der Bereich F o r d e r u n g e n durch S o n s t i g e
Forderungen an D r i t t e .
Die Posten B a r m i t t e l , B a n k g u t h a b e n sowie V e r l u s t
bedürfen keiner weiteren Erläuterung.

Will man eine reale Angebotsstrategie und eine aussagefähige Arbeitsvorbereitung mit einem gewissen Erfolg für die Steuerung der bauverfahrenstech-
nischen und monetären Vorgänge durchführen, muß sich der dafür eingesetzte
Ingenieur eingehend mit der Ergebnisrechnung beschäftigen, um den Soll/Ist-
Vergleich des Gesamtaufbaues richtig beurteilen zu können.

Erleichtert wird diese Arbeit, wenn die Ergebnisrechnungen in konstanten
Zeitabschnitten erstellt werden. Monatliche Aussagen haben sich als sehr
nützlich erwiesen.

Man sollte dabei folgendes bedenken :

Die Steuerung ist umso wirkungsvoller, je schneller die Zielabweichungen
erkannt werden. Erfahrungsgemäß kann die Ergebnisrechnung erst gegen den
25. des darauffolgenden Monats vorliegen. Bis die Werte im Hinblick auf ihre
Aussagefähigkeit analysiert sind, vergehen wiederum ein bis zwei Wochen. Da
die Baustellen im Hinblick auf die Reaktion von Steuerungsmaßnahmen eine erheblich träge Masse darstellen, wird klar, daß Auswirkungen frühestens zwei
bis drei Monate nach dem Stichtag für die Ergebnisrechnung wirksam werden
können. Die kontinuierliche Aussage über den Trend kann hier zu einer
schnelleren Reaktion führen.

17.2.2 Passiva

17.2.2.1

Rückstellungen :

Hierzu gehören alle Beträge, die zur Absicherung der realisierbaren Forderungen gehören. Falls in den Aktivposten die Rückstellungen für Nacharbeiten nicht berücksichtigt sind, müssen sie ebenfalls hier aufgenommen werden. Die Anzahlungen auf die Leistungen werden in diesem Titel mitaufgenommen. Ergänzt wird durch alle Forderungen, die von Dritten und den Gesellschaften an die Arbeitsgemeinschaft bestehen. Der Gewinn wird als Forderung ebenfalls ausgewiesen.
Wie bei der Erfolgsrechnung muß auch hier die Aktivseite und die Passivseite wieder im Gleichgewicht stehen.

Die Aufstellung in dem angeführten Beispiel zeigt deutlich, daß aus der Bilanz oder Zwischenbilanz keine Schlüsse für den Soll/Ist-Vergleich und die Bonität des Produktionsablaufes gezogen werden können. Die einzige Aussage ergibt sich aus der Gewinn- oder Verlustgröße. Die Bilanz hat also für den laufenden Betrieb keine Steuerungsfunktion, sie ist eine Unterlage für die Vermögensbeurteilung durch die Geschäftsleitung.

Es ist für die Nachkalkulation aber von großer Wichtigkeit, daß der in der Produktion tätige Bauingenieur über den Aufbau dieses Abschnittes des Rechnungswesens Bescheid weiß. Er muß außerdem erkennen, daß nur aus der Übereinstimmung aus Soll/Ist-Vergleich und Ergebnisrechnung eine eindeutige Beurteilung der Herstellkosten im Verhältnis zur Zielvorgabe des dem Auftrag zugrundeliegenden Angebotes möglich ist. Und nur daraus lassen sich erfolgversprechende Steuerungsmaßnahmen ableiten.

17.2.2.2

Allgemeine Geschäftskosten :

Diese werden hier nicht berücksichtigt. Daher erfolgt im Zusammenfassungsblatt auch stets der Hinweis, daß es sich um eine Kostenanalyse o h n e h e i m i s c h e Kosten - Allgemeine Geschäftskosten (AGK) handelt.
Der erwirtschaftete Gewinn steht für die Aufteilung der Kostenfaktoren der AGK zur Verfügung. Dieser Gewinn bildet den Deckungsbeitrag. Ein e c h t e r Gewinn ist erst erkennbar, wenn der bei einer Arge ausgewiesene buchmäßige Erfolg größer ist als der erforderliche Deckungsbeitrag. Die Summe der Baustellenerträge bildet den Grundstock für den Deckungsbeitrag eines Betriebes.

Arge 102

Empfohlen vom Hauptverband der Deutschen Bauindustrie. Nachdruck verboten.   Bauverlag Wiesbaden, Werner-Verlag Düsseldorf, Wibau-Verlag, Düsseldorf.

Stempel der Arge

Vermögensübersicht
Arge-Schlußbilanz   zum

(hierzu Einzelnachweis)

AKTIVA	DM	DM	PASSIVA	DM	DM
Anlagevermögen			32 **Wertberichtigungen**		
14—16 **Baugeräte** lt. Anlage Nr.			33 **Rückstellungen**		
Zugänge			331 für Gewährleistungen		
./. Abgänge			332 für Gerätereparaturen		
./. Abschreibungen			333 für Baustellenräumung		
17 **Anlagen im Bau u. Anzahlungen auf Anlagen**			334 für Urlaub von Angestellten		
Umlaufvermögen			335		
21 Vorräte lt. Anlage Nr.			336		
22 **Unfertige, nicht abgerechnete Bauten**					
23 **Forderungen**					
231 an Auftraggeber					
232 aus Lief. u. Leist. an Dritte					
233 aus Anzahlungen			35 **Verbindlichkeiten geg. Kreditinstitute**		
234 aus Lohn- u. Gehaltslisten			37 **Verbindlichkeiten**		
235 an Belegschaftsmitglieder			371 an Auftraggeber		
236 aus Vorsteuer			372 aus Warenlief. und Leist.		
239 Sonstige Forderungen			373 an Nachunternehmer		
26 **Barmittel und Postscheck**			374 aus Lohn- u. Gehaltslisten		
27 **Bankguthaben**			375 Steuerschulden		
28 **Posten der Rechnungsabgrenzung**			379 Sonstige Verbindlichkeiten		
29 **Verrechnungskonten der Gesellschafter**			38 **Posten der Rechnungsabgrenzung**		
Verlust (ohne heimische Kosten)			39 **Verrechnungskonten der Gesellschafter**		
			Gewinn (ohne heimische Kosten)		

Datum:

Stempel und Unterschriften

LITERATURHINWEISE

Adam Dietrich, Produktions- und Kostentheorie, Werner-Verlag, Düsseldorf 1974

Burkhardt Georg, Kostenprobleme der Bauproduktion, Bauverlag, Wiesbaden 1963

Drees Gerhard, Umdrucke der Grundfachvorlesung Baubetriebswirtschaft, Auflage 1972, Universität Stuttgart (TH)

Drees Gerhard, Kalkulatorische Behandlung der Gemeinkosten, Februar 1968, Universität Stuttgart (TH)

Harper Bill, After the Abacus, George Allen & Unwin Ltd., London 1974

Keil Wolfram, Martinsen Ulfert, Einführung in die Kostenrechnung für Bauingenieure, (Hsg.Hans Jebe), Werner-Verlag, Düsseldorf 1973

Müller Heinrich, Dissertation " Rationalisierung des Stahlbetonhochbaues durch neue Schalverfahren und deren Optimierung beim Entwurf ", 1972, Universität Karlsruhe (TH)

Naschold Richard, Prange Herbert, Kalkulations-Schalungshefte, Bauverlag, Wiesbaden 1965

Simons Klaus, Grundlagen der Bauwirtschaft, " Textbuch ", Sommersemester 1973, Technische Universität Braunschweig

Wäger Helmut, Angebotskalkulation des Baubetriebes im System der Deckungsbeitragsrechnung, Werner-Verlag, Düsseldorf 1971

BGL Baugeräteliste 1971, Technisch-wirtschaftliche Baumaschinendaten, Hsg. vom Hauptverband der Deutschen Bauindustrie, Bauverlag, Wiesbaden und Berlin

Bauhandbuch 1976, Hsg. von der Österreichischen Bauzeitung, Österreichischer Wirtschaftsverlag, Wien

Betriebswirtschaftliches Institut der Westdeutschen Bauindustrie Düsseldorf, Die Deckungsbeitragsrechnung in der Baupraxis, 1971

Bilfinger + Berger, Bauaktiengesellschaft, Mannheim, Formulare

Hauptverband der Deutschen Bauindustrie, Formulare

Strabag, Bau-AG, Köln, Formulare

Wirtschaftsvereinigung Bauindustrie e.V., Nordrhein-Westfalen, Neue Erkenntnisse in Kalkulation, Betriebsabrechnung und Gerätewirtschaft in der Bauindustrie, Wibau-Verlag, Düsseldorf 1970

SACHVERZEICHNIS